U0229504

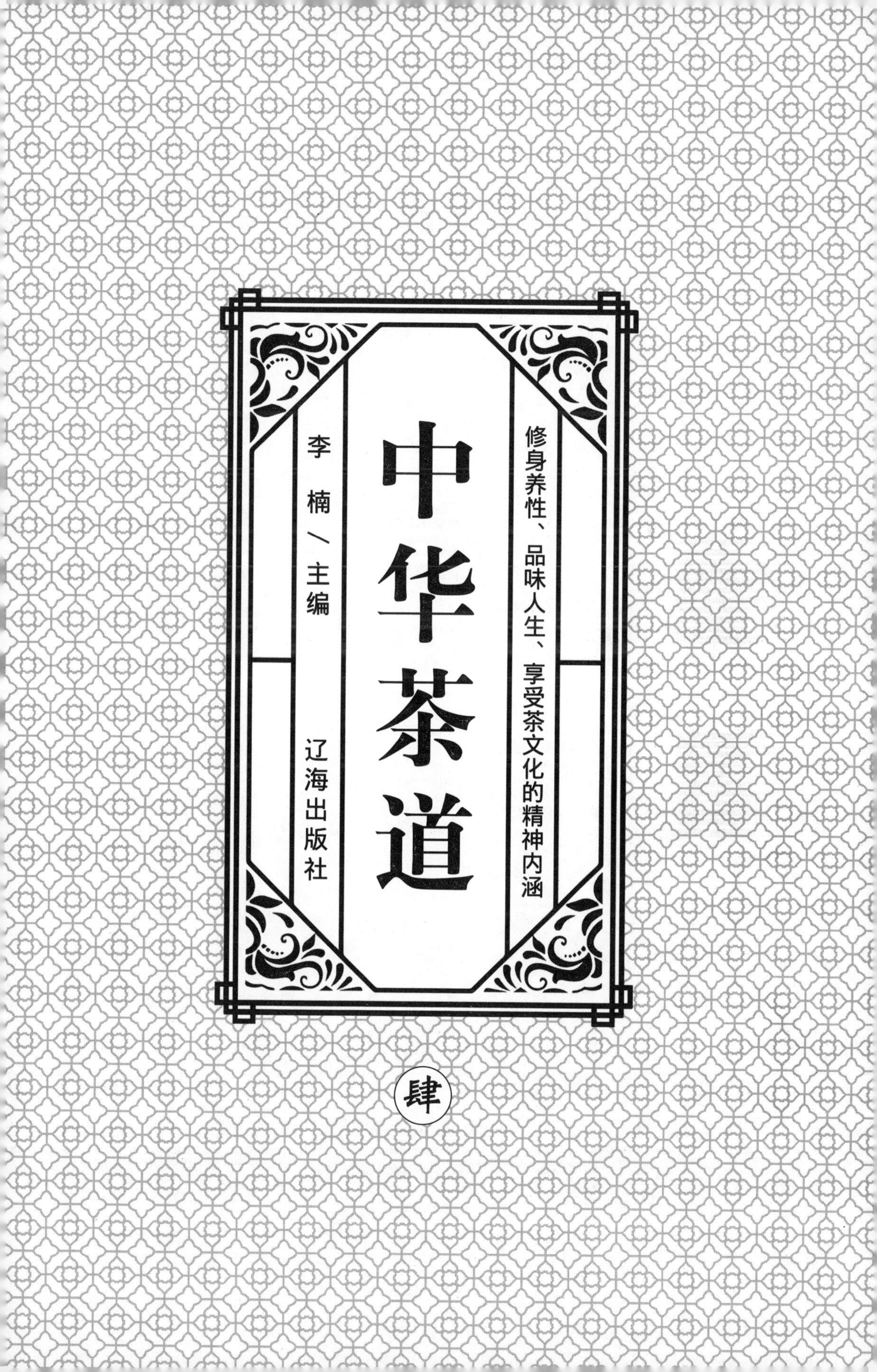
中华茶道
修身养性、品味人生、享受茶文化的精神内涵
李楠／主编
辽海出版社
肆

中華茶道

茶与对联

茶联是以茶为内容的诗词形式的变体，出于文人雅事的咏茶诗词，多对偶工整、平仄谐调、意蕴隽永，常被文人以书法作品的形式悬于茶馆门庭或文人书斋之内，不仅高雅素洁、古风犹存，而且抒发茶人咏茶爱茶的情感。

兹列前人茶联佳对如下：

◇诗写梅花月，茶烹谷雨香。

◇扫来竹叶烹茶叶，劈碎松根煮菜根。

◇汲来江水烹新茗，买尽青山当画屏。

◇茗外风清移月影，壶边夜静听松涛。

◇花间渴想柏如露，竹下闲参陆羽经。

◇竹雨松风琴韵，茶烟梧月书声。

◇四大皆空，坐片刻无分你我；两头是道，吃一盏莫问东西。

◇琴里知闻惟绿水，茶中故旧是蒙山。

◇幽径树边香茗沸，碧梧荫下澹琴谐。

◇香分花上露，水汲石中泉。

◇一杯春露暂留客，两腋清风几欲仙。

◇客来茶香留舌本，睡余书味在胸中。

◇几静双钩摹古帖，瓯香细乳试新茶。

◇焚香读画，煮茗敲诗。

◇茶帘清与鹤同梦，竹榻静听琴所言。

◇采向雨前，烹宜竹里；经翻陆羽，歌记卢仝。

◇阁构三层读书论世，泉飞云壑听瀑煮茗。

◇风物小桃源，且此徘徊，说道花深堪辟世；水竹旧院落，无人与问，真个壶中别有天。

◇茶香秋梦后，松韵晓吟时。

◇墨兰数枚宣德纸，茗茗一杯成化窑。

第二十章
古道上的饮茶习俗

香喷喷咸津津的熏豆茶

遍及杭嘉湖一带的熏豆茶，亦称烘豆茶，是中国既古老又时兴，既品茶又吃茶点的食品之一。由于此茶具有通气开胃健脾的功能，又有浓郁的乡土气息，吃起来香喷喷咸津津，别具一格。因此颇受海外华人和内地城乡居民的喜爱。

熏豆茶的茶叶，要选用“雨前”芽茶。芽茶幼嫩成朵，色泽绿翠，冲泡后尤似兰花开放，有蕙兰清香。

熏豆选用新鲜的青毛豆豆肉，放食盐煮熟，烘干。熏豆营养丰富，不仅是熏豆茶的当家佐料，而且还是上好的素食食品。

熏豆茶佐料还有橙子皮（将剥开的橙子皮切成丝条加少许食盐卤腌后拌拼另外佐料）、野芝麻、丁香萝卜、黄豆芽、芽蚕豆、花生仁、桂花、姜片、橄榄，还有豆腐干丝、笋干段、番薯干、酱黄瓜等等。这些佐料不仅味道鲜美，而且各有郑重功能，如：橙子皮有理气化痰、健脾温胃的作用；丁香萝卜有利胸膈肺胃、安五脏的疗效；野芝麻有下气、消痰、润肺宽肠之功能。

当你探亲访友，在客家捧到一碗热气腾腾的熏豆茶，碗中碧绿的茶芽、青绿的烘豆、金黄色的橙子皮丝，洁白的豆芽和咖啡色的野芝麻，沉沉浮浮，吃起来香喷喷、咸津津、甜滋滋时一定会久久难忘。

品饮熏豆茶，讲究头开闻香，二开尝味，三开过后往往连汤带茶叶、熏豆和佐料都一块吃掉；如果有的人还要吃，也可以添加佐料，冲茶续水再吃。风行吃熏豆茶的地方，都还流传鲜为年轻人所知的饮茶风俗，如“打茶会”、“阿婆茶”、“新家婆茶”、“新娘子茶”、“毛脚女婿茶”等等，把饮茶与娶妻会友融合在一块，增添了茶的韵味。熏豆茶由于多种佐料组合，随季节变化而变化，富有乡土气息，吃起来也要有功夫。

熏豆茶的源由，民间有三种传说。一是流传于浙江德清、余杭一带民间关于防风氏的传说：大禹治水的传说众所周知，与大

禹同时的另一位治水能人——防风氏却鲜为人知。防风氏曾在这一带治水，当地百姓用橙子皮、野芝麻泡茶，为他祛湿驱寒，另以土产烘青豆佐茶。防风氏性急，将豆倒入茶中，他连茶汤带烘豆一口吞吃。这样，防风氏更加力大无边，治水业绩更加辉煌。这种饮茶习俗沿袭了 2800 多年，被 1200 多年前的唐代茶圣陆羽所肯定。从此，湖州、杭州、嘉兴等城乡吃熏豆茶越来越讲究。

二是流传于太湖境域的江苏吴江一带关于伍子胥的传说：1700 多年前的吴国大将伍子胥曾在今吴江市庙巷乡开弦弓村屯兵，他在拉弓发箭时用力过猛，造成地石震动变形，成了弓弦状而得地名。

当地百姓对伍大将军屯兵苦练，看在眼里，记在心里，自发地采集土产青豆肉烘干，以充军粮，慰劳伍将军。伍大将军吃了口干，就用开水冲泡，还加些茶叶，成了香喷喷、咸津津的熏豆茶。从此，就在太湖沿岸流传成俗。

三是流传于洞庭湖的湖南湘阴、汨罗一带的关于岳飞的传说：南宋绍兴年间，岳飞被授予镇宁崇信军节度使，带领兵马南下，驻军今日汨罗县，他的士兵多数来自中原地区，一到南方，水土不服，军营中腹胀肠泻、厌食和乏力的病人日见增多。

岳飞不仅是武将，还精通医术。他吩咐部下熬含盐的黄豆和姜汁汤让士兵当茶喝。果然，患病士兵数量迅速减少，军营周围的百姓一看，也学着沏泡这种茶。

桃花源里吃擂茶

考“擂茶”一名，出现甚早，宋朝耐得翁《都城纪胜》及吴自牧《梦粱录》中就有“擂茶”、“七宝露茶”的记载。

而今，擂茶仍流行于福建、江西、湖南等地。福建擂茶，以茶叶、芝麻、花生米、橘皮和甘草为原料，盛夏酷暑还加入金银花，凉秋寒冬加入陈皮等，讲究的还放入适量的中药茵陈、甘草、川芎、肉桂等。先将原料放入陶制有齿纹的擂钵，用山楂木（油茶木）制成的木棒（俗称“擂槌”）碾研成粉碎状，冲入开水。具有生津止渴、心爽神清、健脾养胃、滋补益寿的作用，故有“喝上两杯擂茶，胜吃两帖补药”之说。

在喝擂茶的同时，还备有佐茶的食品，如花生、瓜子、炒黄豆、爆米花、笋干、南瓜干等，具有浓厚的乡土气息。

敬茶时擂茶碗内溢出的阵阵酥香、甘香、茶香扑鼻而来，沁人心肺，实在令人心驰神往，是待客的佳品。赣南人一年四季都饮擂茶，遇到婚嫁喜事、增添子女、小孩满月、恭贺生日，离不开擂茶，难怪人们说“无（擂）茶不成客”了。

湖南桃花源茶，即三生汤，则将生姜、生米、生茶叶及米仁、绿豆、芝麻等擂碎，倒入冷开水调匀，清凉降温。安化擂茶的原料包括茶叶、炒熟的花生米、大米、绿豆、玉米、生姜、黄瓜子、

胡椒和食盐，擂成粉末后倒进沸水熬成糊状，茶稠如粥，香中带咸，稀中有硬。

擂茶不仅以其色、香、味和健身功能吊人胃口，尤其是当你边喝擂茶，边听那悠悠擂茶歌或听有关古老而神奇的传说时，便能深深体会“莫道醉人惟美酒，擂茶一碗更生性”的意韵了。

青稞糌粑酥油茶

藏族主要分布在我国西藏，在云南、四川、青海、甘肃等省的部分地区也有居住。这里地势高亢，空气稀薄，气候高寒干旱，藏族人民以放牧或种旱地作物为生。当地蔬菜瓜果很少，常年以奶肉、糌粑为主食。

“其腥肉之食，非茶不消；青稞之热，非茶不解。”

茶成了当地人们补充营养的主要来源，喝酥油茶便同吃饭一样重要。每当远方客人来到牧民帐篷时，好客的藏族同胞会让您在尊贵的位置盘膝落座，端上一碗热腾腾、香喷喷的酥油茶让您品尝、解渴。

酥油茶是一种在茶汤中加入酥油等佐料经特殊方法加工而成的茶汤。至于酥油，乃是把牛奶或羊奶煮沸，经搅拌冷却后凝结在溶液表面的一层脂肪。而茶叶一般选用的是紧压茶中的普洱茶或金尖。制作时，先将紧压茶打碎加水在壶中煎煮 20 ~ 30 分钟，再滤去茶渣，把茶汤注入长圆形的打茶筒内。同时，再加入适量酥油，还可根据需要加入事先已炒熟、捣碎的核桃仁、花生米、芝麻粉、松子仁之类，最后还应放上少量的食盐、鸡蛋等。接着，用木杵在圆筒内上下抽打。

根据藏族经验，当抽打时打茶筒内发出的声音由“咣铛，咣

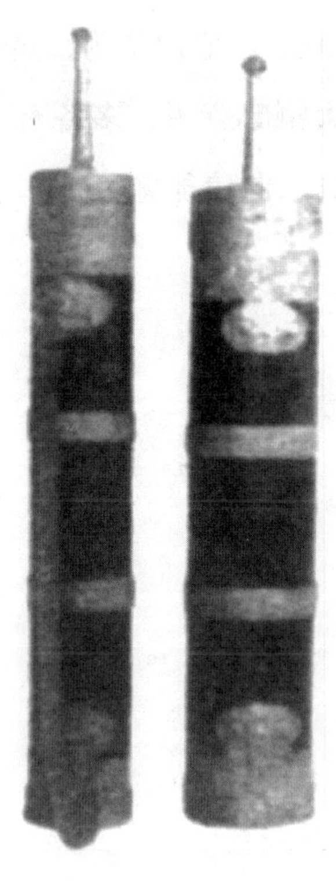

铛”转为“嚓，嚓”时，表明茶汤和佐料已混为一体，酥油茶才算打好了，随即将酥油茶倒入茶瓶待喝。但在当地喝酥油茶有个规矩，即边喝边添，千万不能一口喝完。

如果喝不习惯也无妨，喝了半碗后，等主人添满，就让它摆着，在告辞时一饮而尽，这才符合藏族同胞的礼貌和习俗。酥油茶是一种以茶为主料，并加有多种食料混合而成的液体饮料，所以，滋味多样，喝起来咸里透香，甘中有甜，它既可暖身御寒，又能补充营养。

在西藏草原或高山地带，人烟稀少，家中少有客人进门。偶尔有客来访，可招待的东西很少，加上酥油茶的独特作用，因此，敬酥油茶便成了西藏人款待宾客的珍贵礼仪。

藏族同胞大多信奉喇嘛教，当喇嘛祭祀时，虔诚的教徒要敬茶，有钱的富庶的要施茶。他们认为，这是“积德”、“行善”，所以，在西藏的一些大喇嘛寺里，多备有一口特大的茶锅，通常可容茶数担，遇上节日，向信徒施茶，算是佛门的一种施舍，至今仍随处可见。

细做清茶奉嘉宾

在陕西省汉中地区西北部的略阳县、甘肃省陇中一带的民间广泛流传用陶罐煨清茶和面茶的习俗。清茶又分为一般清茶、油炒清茶和细做清茶。若远方的贵客来临，主人一定会以最精美的细做清茶来招待客人。细做清茶的制法，有沿袭古时的“茗粥”饮法，但更具当地民间特有的风情和独到的风味。用料和烹茶的程序都十分讲究：由主妇先把馍片切好，烤于火塘边；再将一只小小的陶罐煨于火边，放猪油几匙入罐；待油溶化，随手放入一小勺面粉，同时将一枚香杏仁或一瓣核桃仁或少许瓜籽仁捣碎后放入罐内用长柄小木铲翻炒，当罐内散发出阵阵焦香气味时，即用小铲将炒熟的果油膏汁摭于罐壁，再下茶叶、花椒叶和少量食盐等，再次和拌翻炒，当罐内再次散发出茶果油面的浓烈香味时，立即加入适量的水（最好是温开水），煮沸后，别具风味的细作罐罐清茶就制好了。再分茶于小盅内，由主人用小茶盘托着奉献给客人嗅香、品尝；主人用小火筷子将烹茶前放在火塘边上烤得焦黄的馍片放入小瓷盘里，放在客人面前的小桌几上，供客人在饮茶时一边喝茶，一边吃馍片。这真可谓是别具风情的品茶艺术享受了。

略阳山区还有一种罐罐面茶，也分为三种，当地俗称“一层

楼、二层楼、三层楼”，即言其茶品位有高下之分。二三层楼的面茶，除逢年过节时才饮用外，平常只是有客人时，才制作高档面茶以示对贵客的尊敬。其制作方法是：事先一般是用核桃、豆腐、鸡蛋、肉丁、黄豆（经粉碎）、花生、粉条、油炒酥食等，分别用油加五香粉调后炒成几种不同口味的食品，分别盛于容器里，以备调茶。烹茶人这时在火塘边煨上茶罐，罐里在放入茶叶的同时，再放入少许的茶椒叶，注水煮沸后，随即再往罐里调入事先备好的稠面糊，用竹筷在罐内搅动，使之调和均匀。当面茶煮熟后，即可向客人奉茶了。

何谓“层楼面茶”呢？原来是主人向客人的茶碗里先倒上一层面茶，再复上一层（即前已备好的）美味调品，若是如此反复三次、将三种不同味道的食品调和在同一茶碗里，客人饮罢一碗茶，即是“登”上“三层楼”，品尝和接受了热情好客的略阳人独具乡土风韵的面茶和最高的奉茶礼仪了。

围坐火塘罐罐茶

世世代代居住在陇中地区的人民，素有喜饮罐罐茶的风俗。甘肃陇中的罐罐茶同与之相邻的陕西略阳民间的罐罐茶是既有相同之处，又有区别。

如到陇中广大地区旅游、生活过的人们，往往会被那里风格各异的乡情民俗所吸引。就以饮茶风习而言，最令人乐道的就是那里的罐罐茶了。

陇中人民喜爱的饮茶方式，也是一笼火塘、一把茶叶、一个如鸡蛋大小的陶瓦茶罐和一只（或数只）茶盅和一个茶盘，就构成了陇中罐罐茶的全部器具了。农村在隆冬季节农事不忙时，几乎经常生着火塘。人们坐在火塘边，一边烤火，一边喝着罐罐茶悠闲地谈天说地。而在以往那些艰苦的岁月，气候温和的季节里，一般家庭不经常生火塘，若饮茶时，先劈柴生起用黄泥土垒成的小火炉，在称作“催催”的小砂罐罐里放入茶叶，注水后放在火炉上反复熬煎，在茶汤变得浓酽、满屋飘香时，便提罐离火将茶叶汁倒入小盅里细细品饮，再往砂罐里续上水，重新放在火炉上煎第二遍茶。

陇中罐罐茶最讲究的是汤色浓酽和滋味苦涩。在民间有“能喝下黏稠吊线的茶汁才算得上是真正的喝茶人”之说。

如今即使在民间饮罐罐茶，随着人民生活水平的不断提高和社会的长足进步，无论是在茶具或在茶品的选用上都发生了显著的变化，许多的饮茶人也已经从烟薰火燎的火塘边解放出来。

渐次循序煮奶茶

蒙古族主要居住在内蒙古及其边缘的一些省、区，喝咸奶茶是蒙古族人们的传统饮茶习俗。在牧区，他们习惯于“一日三餐茶”，却往往是“一日一顿饭”。每日清晨，主妇第一件事就是先煮一锅咸奶茶，供全家整天享用。蒙古族喜欢热茶，早上，他们一边喝茶，一边吃炒米，将剩余的茶放在微火上暖着，供随时取饮。通常一家人只在晚上放牧回家才正式用餐一次，但早、中、晚三次喝咸奶茶一般是不可缺少的。蒙古族喝的咸奶茶，用的多为青砖茶或黑砖茶，煮茶的器具是铁锅。制作时，应先把砖茶打碎，并将洗净的铁锅置于火上，盛水 2～3 千克，烧水至刚沸腾时，加入打碎的砖茶 25 克左右。当水再次沸腾 5 分钟后，掺入奶，用量为水的五分之一左右。稍加搅动，再加入适量盐巴。等到整锅咸奶茶开始沸腾时，才算煮好了，即可盛在碗中待饮。

煮咸奶茶的技术性很强，茶汤滋味的好坏，营养成分的多少，与用茶加水、掺奶以及加料次序的先后都有很大的关系。如茶叶放迟了，或者加茶和加奶的次序颠倒了，茶味就会出不来。而煮茶时间过长，又会丧失茶香味。蒙古族同胞认为，只有器、茶、奶、盐、温五者互相协调，才能制成咸香可宜、美味可口的咸奶茶来。为此，蒙古族妇女都练就了一手煮咸奶茶的好手艺。大凡姑娘从懂事起，做母亲的就会悉心向女儿传授煮茶技艺。姑娘们在新婚燕尔之际，也得当着亲朋好友的面，显露一下煮茶的本领。要不，就会有缺少家教之嫌。

回族的刮碗子茶

回族主要分布在我国的大西北，以宁夏、青海、甘肃三省（区）最为集中。回族居住处多在高原沙漠，气候干旱寒冷，蔬菜缺乏，以食牛羊肉、奶制品为主。而茶叶中存在的大量维生素和多酚类物质，不但可以补充蔬菜的不足，而且还有助于去油除腻，帮助消化。所以，自古以来，茶一直是回族同胞的主要生活必需品。

回族饮茶，方式多样，其中有代表性的是喝刮碗子茶。刮碗子茶用的茶具，俗称“三件套”。它有茶碗、碗盖和碗托或盘组成。茶碗盛茶，碗盖保香，碗托防烫。喝茶时，一手提托，一手握盖，并用盖顺碗口由里向外刮几下，这样一则可拨去浮在茶汤表面的泡沫，二则使茶味与添加食物相融，刮碗子茶的名称也由此而生。

刮碗子茶用的多为普通炒青绿茶，冲泡茶时，除茶碗中放茶外，还放有冰糖与多种干果，诸如苹果干、葡萄干、柿饼、桃干、红枣、桂圆干、枸杞子等，有的还要加上白菊花、芝麻之类，通常多达八种，故也有人美名其曰：“八宝茶”。由于刮碗子茶中食品种类较多，加之各种配料在茶汤中的浸出速度不同，因此，每次续水后喝起来的滋味是不很一样的。一般说来，刮碗子茶用沸水冲泡，随即加盖，经 5 分钟后开饮，第一泡以茶的滋味为主，主要是清香甘醇；第二泡因糖的作用，就有浓甜透香之感；第三泡开始，茶的滋味开始变淡，各种干果的味道就应运而生，具体依所添的干果而定。大抵说来，一杯刮碗子茶，能冲泡 5 ~ 6 次，甚至更多。

回族同胞认为，喝刮碗子茶次次有味，且次次不同，又能去腻生津，滋补强身，是一种甜美的养生茶。

无穷回味三道茶

“三道茶”系白族一种古老品茶艺术，起源于公元八世纪南诏时期，流传至今已有千余年历史。400 多年前，徐霞客游大理时，写道“注茶为玩，初清茶，中盐茶，次蜜茶”。民间代代相传，演变成了今日的三道茶习俗。白族散居在我国西南地区，主要分布在风光秀丽的云南大理，这是一个好客的民族，大凡在逢年过节、生辰寿诞、男婚女嫁、拜师学艺等喜庆日子里，或是在亲朋宾客来访之际，都会以“一苦、二甜、三回味”的三道茶款待。

三道茶的泡饮，茶分三道，味各不同。

第一道茶，称之为“清苦之茶”，寓意做人的哲理“要立业，就要先吃苦”。制作时，先将水烧开。再由司茶者将一只小砂罐置于文火上烘烤。待罐烤热后，随即取适量茶叶放入罐内，并不停地转动砂罐，使茶叶受热均匀，待罐内茶叶“啪啪”作响，叶色转黄，发出焦糖香时，立即注入已经烧沸的开水。少倾，主人将沸腾的茶水倾入茶盅，再用双手举盅献给客人。由于这种茶经烘烤、煮沸而成，因此，看上去色如琥珀，闻起来焦香扑鼻，喝下去滋味苦涩，故而谓之苦茶，通常只有半杯，一饮而尽。

喝完第一道茶后，主人会重新烤茶、置水。换上精美的小茶

碗以茶碟子相托，其内放入生姜片、红糖、蜂乳、炒熟的白芝麻、切得极薄的熟核桃仁片，冲茶至八分满。此茶甜中带香，第二道茶就叫甜茶。它寓意“人生在世，做什么事，只有吃得了苦，才会有甜来”。

第三道茶称回味茶，先将麻辣桂皮、花椒、生姜片放入水里煮，将煮出的汁液放入杯内，加入苦茶、蜂乳就成。饮第三道茶时，一般是一边晃动茶盅，使茶汤和佐料均匀混合；一边口中“呼呼”作响，趁热饮下。饮下顿觉香甜苦辣俱全，让人回味无穷，它寓意人们要常常回味，牢牢记住“先苦后甜”的道理。

三道茶一般每道茶相隔 3 ~ 5 分钟，同时桌上放些瓜子、松子、糖果之类，以增茶趣。

滋补强身三炮台

三炮台碗子茶，其实是指下有底座（碗托）、中有茶碗、上有碗盖的三件一套的盖碗，因形如炮台，故称三炮台碗。撒拉族认为，喝三炮台碗子茶，次次有味，且次次不同，又能去腻生津、滋补强身。冲泡三炮台碗子茶时，茶叶多为晒青绿茶，此外还要加入冰糖、桂圆、枸杞、苹果、葡萄干、红枣、白菊花、芝麻等，也称为“八宝茶”。喝三炮台时，一手提碗，一手握盖，并用碗盖随手顺碗口由里向外刮几下，一则可以刮去茶汤面上的漂浮物；二则可以使茶叶和添加物的汁水相融。由于有一个刮漂浮物的过程，三炮台刮碗子茶又称为刮碗子茶。

三泡台刮碗子茶的配料在茶汤中的浸出速度是不一样的，因此，每泡茶汤滋味是不一样的。第一泡以茶味为主，清香甘醇；第二泡因糖的作用，有浓甜透香之感；第三泡开始，各种干果的味道浸透出来。

维吾尔族的茶礼

维吾尔族是一个好客的民族，凡是家里来客人，便高兴而热情地接待，并请坐在上席。给客人敬第一碗茶一般都由女主人来做。女主人将茶水倒在茶碗中，放在托盘里端上来，先从资格最老的客人开始献茶。第二碗开始由男主人敬茶，或者由专人负责随时添茶。倒茶时不要往茶碗中猛到，而要顺着茶碗内边慢慢地倒，茶水不能倒满；主人给客人奉茶时，客人不要为表示客气而接壶自斟；如果不想再喝，可用手把碗口捂一下，示意已喝好。按照维族的风俗在饮茶后或吃完饭时由长者做“都瓦”（祈祷与祝福），做“都瓦”时把两只手伸开并在一起，手心朝脸默祷几秒钟或者更长时间，然后轻轻从上到下摸一下脸（这一动作在维吾尔民间习俗里表示吉祥如意），“都瓦”就完毕了。默祷的时间根据场合的不同而定，有短有长。在做“都瓦”时不能东张西望或起立，更不能笑。待主人收拾完茶具与餐具后，客人才能离席，否则就是失礼。

维吾尔族喜欢喝奶茶。在饮茶习惯上又因所处的地域不同而有所差别。天山以北（北疆）的维族多喝奶茶。奶茶的做法：将茶叶放入铝锅或壶里的开水中煮沸后，放入鲜牛奶或已经熬好的带奶皮的牛奶；放入的奶量以茶汤的1/5～1/4为宜；再加入适量的盐。奶皮茶的做法与此基本类似。

此外还有人喜食甜茶，即把砂糖块放在茶水中饮用。有的家庭喜食核桃茶，将碾碎的核桃仁放入大茶碗中，以煮好的茶水冲饮，是一种营养价值极高的茶。

长颈铜壶煮砖茶

天山以南（南疆）的维族平常喜欢喝清茶或香茶，有时也喝奶茶。

清茶的做法是先将茯砖茶劈开弄碎，依茶壶容量大小放入适量碎茶，加入开水用急火烧煮沸腾即可。不可用温火慢烧，因为烧的时间过长，就会使茶汤失去鲜爽味并变得苦涩。

南疆人主要从事农业劳动，主食面粉，最常见的是用小麦烤制的馕，色黄，又香又脆，形若圆饼，进食时，总喜与香茶伴食，平日也爱喝香茶。他们认为，香茶有养胃提神的作用，是一种营养价值极高的饮料。

南疆维吾尔族煮香茶时，使用的是铜制的长颈茶壶，也有用陶质、搪瓷或铝制长颈壶的，而喝茶用的是小茶碗，这与北疆维吾尔族煮奶茶使用的茶具是不一样的。通常制作香茶时，应先将茯砖茶敲碎成小块状。同时，在长颈壶内加水七八分满加热，当水刚沸腾时，抓一把碎块砖茶放入壶中，当水再次沸腾约 5 分钟时，则将预先准备好的适量姜、桂皮、胡椒、芘等细末香料，放进煮沸的茶水中，经轻轻搅拌，3 ~ 5 分钟即成。为防止倒茶时茶渣、香料混入茶汤，在煮茶的长颈壶上往往套有一个过滤网，以免茶汤中带渣。南疆维吾尔族老乡喝香茶，习惯于一日三次，与早、中、晚三餐同时进行，通常是一边吃馕，一边喝茶，这种饮茶方式，与其说把它看成是一种解渴的饮料，还不如把它说成是一种佐食的汤料，实是一种以茶代汤，用茶作菜之举。

羊城早茶饮且食

早市茶，又称早茶，多见于中国大中城市，其中历史最久，影响最深的是羊城广州，他们无论在早晨上工前，还是在工余后，抑或是朋友聚议，总爱去茶楼，泡上一壶茶，要上两件点心，美名“一盅两件”，如此品茶尝点，润喉充饥，风味横生。广州人品茶大都一日早、中、晚三次，但早茶最为讲究，饮早茶的风气也最盛，由于饮早茶是喝茶佐点，因此当地称饮早茶谓吃早茶。

吃早茶是汉族名茶加美点的另一种清饮艺术，人们可以根据自己的需要，当场点茶，品味传统香茗，又可按自己的口味，要上几款精美清淡小点，如此吃来，更加津津有味。

如今在华南一带，除了吃早茶，还有吃午茶、吃晚茶的，把这种吃茶方式看作是充实生活和社交联谊的一种手段。

在广东城市或乡村小镇，吃茶常在茶楼进行。如在假日，全家老幼登上茶楼，围桌而坐，饮茶品点，畅谈国事、家事、身边事，更是其乐融融。亲朋之间，上得茶楼，谈心叙谊，沟通心灵，倍觉亲近。所以许多即便交换意见，或者洽谈业务、协调工作，甚至青年男女，谈情说爱，也是喜欢用吃（早）茶的方式去进行，这就是汉族吃早茶的风尚之所以能长盛不衰，甚至更加延伸扩展的缘由。

解渴最数大碗茶

喝大碗茶的风尚，在汉民族居住地区，随处可见，特别是在大道两旁、车船码头、半路凉亭，直至车间工地、田间劳作，都屡见不鲜。这种饮茶习俗在我国北方最为流行，尤其早年北京的大碗茶，更是名闻遐迩，如今中外闻名的北京大碗茶商场，就是由此沿袭命名的。

大碗茶多用大壶冲泡，或大桶装茶，大碗畅饮，热气腾腾，提神解渴，好生自然。这种清茶一碗，随便饮喝，无须做作的喝茶方式，虽然比较粗犷，颇有“野味”，但它随意，不用楼、堂、馆、所，摆设也很简便，一张桌子，几张条木凳，若干只粗瓷大碗便可，因此，它常以茶摊或茶亭的形式出现，主要为过往客人解渴小憩。

大碗茶由于贴近社会、贴近生活、贴近百姓，自然受到人们的称道。即便是生活条件不断得到改善和提高的今天，大碗茶仍然不失为一种重要的饮茶方式。

布朗族的青竹茶

布朗族主要分布在我国云南西双版纳自治州，以及临沧、澜沧、双江、景东、镇康等地的部分山区，喝青竹茶是一种方便而

又实用的饮茶方法，一般在离开村寨务农或进山狩猎时采用。

布朗族喝的青竹茶，制作方法较为奇特，首先砍一节碗口粗的鲜竹筒，一端削尖，插入地下，再向筒内加上泉水，当作煮茶器具。然后，找些干枝落叶，当作烧料点燃于竹筒四周。当筒内

水煮沸时，随即加上适量茶叶，待3分钟后，将煮好的茶汤倾入事先已削好的新竹罐内，便可饮用。

青竹茶将泉水的甘甜、青竹的清香、茶叶的浓醇融为一体，所以，喝起来别有风味，久久难忘。

傣族爱喝竹筒茶

竹筒香茶是傣族人们别具风格的一种茶饮料。傣族世代生活在我国云南的南部和西南部地区，以西双版纳最为集中，这是一个能歌善舞而又热情好客的民族。

傣族喝的竹筒香茶，其制作和烤煮方法，甚为奇特，一般可分为五道程序：

装茶：就是将采摘细嫩、再经初加工而成的毛茶，放在生长期为一年左右的嫩香竹筒中，分层陆续装实。

烤茶：将装有茶叶的竹筒，放在火塘边烘烤，为使筒内茶叶受热均匀，通常每隔4～5分钟应翻滚竹筒一次。待竹筒色泽由绿转黄时，筒内茶叶也已达到烘烤适宜，即可停止烘烤。

取茶：待茶叶烘烤完毕，用刀劈开竹筒，就成为清香扑鼻，形似长筒的竹筒香茶。

泡茶：分取适量竹筒香茶，置于碗中，用刚沸腾的开水冲泡，经3～5分钟，即可饮用。

喝茶：竹筒香茶喝起来，既有茶的醇厚高香，又有竹的浓郁清香，所以，喝起来有耳目一新之感，难怪傣族同胞不分男女老少，人人都爱喝竹筒香茶。

采回新茶打油茶

油茶是滇、黔、湘、桂四省区毗邻地区的侗族同胞喜爱的一种饮料。

清明前后，侗族姑娘身背“堆巴”（绣有花边图案的长方形口袋），唱着“嘎拜金”（山歌）去采茶。把采回的茶叶蒸煮变黄之后，取出沥干，加少许米汤略加揉搓，再用明火烤干，装入竹篓，挂在火塘上的木钩上，使之烟熏后，更加干燥，成为打油茶的原料。或者用刚从茶树上采下的幼嫩新梢，这可根据各人口味而定。打油茶的原料除了茶叶外还有“粒粒子”。“粒粒子”包括花生米、黄豆、芝麻、玉米花、糍粑、笋干等。

打油茶的烹制方法是先发“阴米”（平时把糯米蒸熟晾干即为阴米），这道工序很讲究火候，把油放入锅内待发出热气后即放入阴米，边放边捞出，稍慢就会黑焦变苦。接着将“粒粒子”在油锅里猛火炒，炒熟后抓一撮放入茶碗。然后把黏米（一种煮过的米）炒成半焦，也叫焦米，再放茶油，待焦米冒出丝丝青烟时，放入茶叶拌炒约 10 分钟后加一瓢热水，待沸加盐、姜、葱，把茶汤注入盛有“粒粒子”的茶碗中，再将菠菜等分别放到滚开的茶水里烫个半生熟，装进碗里，打油茶便成了。

喝油茶时，第一碗必须端给长辈或贵宾。头两碗吃“空水”

茶，其实空水并不空，放入阴米、花生、黄豆、虾子、鱼仔，还可加猪肝、粉肠、葱花等香料。第 3 至第 5 碗放几颗糯米水圆。第 6 至第 9 碗放几片糍粑，最后一碗放糖煮甜茶，称之为“二空三圆四粑粑，后加一碗甜油茶，不吃十碗不过岗，乐得主人笑哈哈”，其实客人并不能喝得下 10 碗，这只是主人要客人喝足的意思。由于喝油茶是碗内加有许多食料，因此，还得用筷子相助，所以，说是喝油茶，还不如说吃油茶更为贴切。吃油茶时，客人为了表示对主人热情好客的回敬，赞美油茶的鲜美可口，称道主人的手艺不凡，总是边喝、边啜、边嚼，在口中发出“啧、啧”声响，还赞不绝口！

茶酒相遭龙虎斗

云南西北部深山老林里的兄弟民族，喜欢用开水把茶叶在瓦罐里熬得浓浓的，而后把茶水冲放到事先装有酒的杯子里与酒调和，有时还加上一个辣子，当地人称它为“龙虎斗茶”。喝一杯龙虎斗茶以后，全身便热乎乎的，睡前喝一杯，醒来会精神抖擞，浑身有力。

以茶孵虫制虫茶

虫茶是一种制法奇特、极富民族习俗的特产茶。虫茶是把采摘的茶树鲜叶和部分香树叶混合放在竹篓或大木桶里，浇上淘米

水，让其自然发酵。数天后便散发出一种特有的氮气味，这种气味会招引“化香夜蛾”的昆虫成群来此安家落户，生育繁衍。它

的幼虫特别喜食发酵的茶叶和香树叶，并排出一粒粒比菜籽还小的虫屎。把这种虫屎收集起来晒干便是虫茶。饮用虫茶时要先在杯中倒入开水，后放入适量虫茶，盖好杯盖。虫茶粒先漂浮在水面，待其缓缓下沉到杯底并开始溶化时即可饮用。虫茶泡出的汤清香宜人，沁人心肺。饮之令人顿感心旷神怡。湖南城步苗族自治县五岭山区的苗族同胞尤爱饮虫茶，所以虫茶又叫城步虫茶，它是一种速溶性饮料。

基诺族“凉拌茶”

女始祖尧白的故事，传说：很古很古时候，尧白造天地以后，召集各民族去分天地，基诺族没有参加，尧白先后派汉族、傣族

来请，基诺族也没有去，尧白亲自来请，基诺族还是无动于衷，尧白气得拂袖而去，走到一座山上时，想到基诺族现在不来参加分天地，以后生活会有困难，便站在山顶上，抓了一把茶籽撒在

龙帕寨的土地上，从那时起，基诺族居住的地方便开始种茶，并成为云南六大茶山之一。传说归传说，勿须考证，但凉拌茶食用的流传，可以作为茶树原产地的又一证明，恐怕茶学家也不会反对吧！

将鲜茶叶揉软搓细，放在大碗中，随即取出黄果顺、酸笋、酸蚂蚁、白生、大蒜、辣椒、盐巴等配料拌后，成为基诺族喜爱的“拉拔批皮”，即凉拌茶。

第二十一章
茶的分类与保健之道

茶叶的分类

茶叶主要按以下几种方法分类：按茶的颜色分类；按茶叶的发酵程度分类；按焙火程度分类；按采茶的季节不同分类；按萎凋程度不同分类。

我们在茶叶商店总是见到五花八门的茶叶名称，令人眼花缭乱。其实，其名称多样化是各产茶地及产茶商刻意造成的。有的根据茶叶形状的不同而命名，如珠茶、银针等；有的结合产地的山川名胜而命名，如西湖龙井、普陀佛茶等；有的根据传说和历史故事而命名，如大红袍、铁观音等。

按茶的颜色分类

虽然中国茶叶的分类尚无统一的方法，但比较科学的分类是依据制造方法和品质上的差异来划分的，特别是根据各种茶制造中茶多酚的氧化聚合程度由浅入深而将各种茶叶归纳为六大类，即是绿茶、白茶、黄茶、青茶、黑茶和红茶。这六大茶类被称为基本茶类。其中绿茶茶多酚氧化最轻，红茶最重。

绿茶

炒青绿茶：

眉茶——炒青、特珍、珍眉、风眉、秀眉、贡熙……

珠茶——珠茶、雨茶、秀眉……

细嫩炒青——龙井、大方、碧螺春、雨花茶、松针……

烘青绿茶：

普通烘青——闽烘青、浙烘青、苏烘青……

细嫩烘青——黄山毛峰、华顶云雾……

晒青绿茶：

滇青、川青、陕青……

蒸青绿茶：

煎茶、玉露……

白茶

白叶茶——白牡丹、贡眉……

黄茶

黄芽茶——君山银针、蒙顶黄芽……

黄小茶——北港毛尖、沩山毛尖、温州黄汤……

黄大茶——霍山黄大茶、广东大叶青……

青茶

闽北乌龙——武夷岩茶、水仙、大红袍、肉桂……

闽南乌龙——铁观音、奇兰、水仙、黄金桂……

广东乌龙——凤凰单枞、凤凰水仙、岭头单枞……

台湾乌龙——冻顶乌龙、包种……

黑茶

湖南黑茶——安化黑茶……

滇桂黑茶——普洱茶、六堡茶……

红茶

小种红茶——丘山小种、烟小种……

工夫红茶——滇红、祁红、川红、闽红……

红碎茶——叶茶、碎茶、片茶、末茶……

再加工茶类

用这些基本茶类的茶叶进行再加工，如窨花后形成花茶、蒸压后形成紧压茶、浸提萃取后制成速溶茶、加入果汁形成果味茶、加入中草药形成保健茶、把茶叶加入饮料中制成含茶饮料。因此再加工茶类也有六大类，即花茶、紧压茶、萃取茶、果味茶、药用保健茶和含茶饮料。

花茶——茉莉花茶、珠圭花茶、玫瑰花茶、桂花茶……

紧压茶——黑砖、茯砖、方茶、饼茶……

萃取茶——速溶茶、浓缩茶……

果味茶——荔枝红茶、柠檬红茶、猕猴桃茶……

药用保健茶——减肥茶、杜仲茶、甜菊茶……

茶饮料——冰红茶……

按茶叶的发酵程度分类

茶青（俗称茶菜）从采摘下来到杀青这段期间的日光萎凋（或热风萎凋）、室内萎凋与搅拌等过程中，发酵就一直在进行，为了适合各地的习惯可分成不发酵的绿茶、半发酵的青茶与全发酵的红茶、后发酵的黑茶。

各类茶的发酵程度为红茶95%发酵，黄茶85%发酵，黑茶80%发酵，乌龙茶60% ~70%发酵，包种茶30% ~40%发酵，青茶15% ~20%发酵，白茶约5% ~10%发酵，绿茶完全不发酵。茶叶中发酵程度的轻重不是绝对的，存有小幅度的误差。而青茶之毛尖并不发酵，绿茶之黄汤反有部分发酵。

国际上较为通用的分类法，是按不发酵茶、半发酵茶、全发酵茶、后发酵茶来作简单分类。

不发酵茶（学名：绿茶类）

龙井、碧螺春、明前虾目（又名珠芽）、珠茶、眉茶、煎茶和一般绿茶。

半发酵茶（部分发酵茶学名：青茶类）

（1）轻发酵茶（又通称“包种茶类”）：白茶、文山包种茶（清茶）、宜兰包种、南港包种、香片、明德茶、冻顶茶、松柏长青茶、铁观音、武夷、水仙。

（2）重发酵茶：乌龙茶。

注意：俗称半发酵茶为“乌龙茶”。真正的“乌龙茶”则是东方美人茶，即白毫乌龙茶，或又称风茶，所以俗称之乌龙茶的，其实皆已混淆。

全发酵茶（学名：红茶类）

按品种分为小叶种红茶、阿萨姆红茶（大叶种）；按形状分为条状红茶、碎形红茶和一般红茶。

后发酵茶（学名：黑茶类）

普洱茶的前加工属于不发酵茶类的做法，再经渥堆后发酵而制成，所以它属于黑茶类。

按采茶的季节不同分类

茶随着自然条件的变化也会有差异，根据季节的不同，就有了春茶、夏茶、秋茶、冬茶。

春季温度适中，雨量充沛，加上茶树经半年冬季的休养生息，使得春梢芽叶肥硕，色泽翠绿，叶质柔软，富含氨基酸和多种维生素，不但使春茶滋味鲜活，香气蹭鼻，更具有保健作用。

夏季天气炎热，茶树新梢芽叶生长迅速，使得能溶解茶汤的浸出物含量相对减少，特别是氨基酸的减少，使得茶汤滋味、香气不如春茶强烈。由于带苦涩味的花青素、咖啡因、茶多酚含量比春茶高，不但使紫色芽叶增加，色泽不一，而且滋味较为苦涩。

秋季气候条件介于春夏之间，茶树经春夏二季生长、摘采，新梢芽内含物质相对减少，叶片大小不一，叶底发脆，叶色发黄，滋味、香气显得比较平和。

秋茶采完之后，气候逐渐转凉，冬茶新梢芽生长缓慢，内含物质逐渐堆积，滋味醇厚，香气浓烈。

月份	节气	名称
4～5	清明、谷雨、立夏	春茶
5～6	小满、芒种、夏至、小暑	第一次夏茶（二水茶）
7～8	大暑、立秋、处暑	第二次夏茶（三水茶）
8～9	白露、秋分、寒露	第一次秋茶
9～10	霜降、立冬	第二次秋茶
11～12	小雪	冬茶
12～4	大雪、冬至、小寒、大寒、立春、惊蛰、春分	天寒茶叶不长芽，实际上这几个月之中还可能会有雨水茶出产（冬三水、不知春）

春茶：俗称春仔茶或头水茶，依时日又可分早春、晚春、（清）明前、明后、（谷）雨前、雨后等茶（冬茶采摘结束后至5月中旬期间，其产量占总产量的35%）

第一次夏茶：头水夏仔或二水茶（5月下旬至6月下旬，17%）

第二次夏茶：嘎茶：俗称六月白、大小暑茶、二水夏仔（7月上旬至8月中旬，18%）

第一次秋茶：秋茶（8月下旬至9月中旬，15%）

第二次秋茶：白露笋（9月下旬至10月下旬，10%）

冬茶：冬片茶（11月下旬至12月上旬，5%）

一般人多喜春茶，价格也较高，但并非每种茶都以春茶最优，如乌龙茶就以夏茶为优，红茶亦然，因夏季气温较高，茶叶中的儿茶素等含量较多，茶芽也较肥大，白毫浓厚。

按萎凋程度不同来分类

萎凋，是茶叶在杀青之前消散水分的过程，分为日光萎凋与室内萎凋。萎凋不一定会产生发酵，制茶过程中，静置而不去搅拌或促使叶缘细胞膜破裂产生化学变化则将不会引起发酵现象。

一般而言绿茶是不萎凋不发酵；黑茶则是不萎凋后发酵；而黄茶是不萎凋发酵（黄茶是杀青后闷黄再补足发酵的）；白茶为重萎凋不发酵；青茶、包种茶、乌龙茶为萎凋部分发酵茶。

不萎凋茶	绿茶、黑茶、黄茶
萎凋茶	白茶、青茶、包种茶、乌龙茶、红茶

各种茶类的特色

绿茶：茶干色绿，清汤绿叶，具清香或熟栗香、甜花香，滋味鲜醇。

红茶：红汤红叶，色泽乌黑油润，冲泡后具有甜花香或蜜糖香。

青茶：外形条索粗壮，色泽青灰有光，茶汤金黄，香气馥郁芬芳，花香明显，叶底绿叶红镶边。

白茶：毫色银白，芽头肥壮，汤色黄亮，滋味鲜醇，叶底嫩匀。

黄茶：黄汤黄叶，多数芽叶细嫩，显毫。

黑茶：色泽黑褐，汤色橙黄至暗褐色，有松烟香。

茶的保健之道

茶能降低胆固醇

随着物质生活水平的提高，人们患动脉硬化、高血压、冠心病、心肌梗死、糖尿病等成人病的几率愈来愈高，而造成这些成人病的主要因素是胆固醇过多。

根据医学研究资料显示，胆固醇过多的人，若服用适量的维生素 C，可降低血液中的胆固醇、中性脂肪。其次，维生素 C 除了可预防老化之外，还可预防胆固醇过高，对维持身体健康与器官功能的正常，颇有功效。

由于茶叶中含有丰富的维生素 C，因此，饭前、饭后及平常的休息时间，若能适度喝茶，则可抑制胆固醇的吸收。根据研究分析，目前广受欢迎的乌龙茶，具有分解脂肪、燃烧脂肪、利尿的作用，能将沉淀在血管中的胆固醇排出体外。因此，在经常过量摄取动物性脂肪的今天，平日若能适量喝茶，将对身体健康有莫大的帮助。

茶能净化血液

一个健康的人，其血液的 PH 值维持在 7．2～7．4 之间，呈弱碱性。而医学临床报告告诉我们，即使身体健康的人，一旦摄

取过多酸性物质，则血液的 PH 值将由弱碱性转变成酸性，进而导致体内的新陈代谢不正常，于是就引发各种身体病变。

经常维持血液的弱碱性，是保持健康的关键。不过，近几十年来，国内物质生活丰盛，大都偏重鱼、肉、蛋、贝壳等属于酸性的食物。这样的饮食习惯，对我们的身体实在是弊多利少。但是，要人们改变目前的饮食习惯，恐怕不是短时间能办到的。长期摄取酸性食物，血液自然会呈现酸性状态，这就是医学上所称的血液酸性中毒，必须借助碱性物质（钙、钾、镁）来中和酸性物质，化合成中性物质排出体外。

日本一位教授曾经对茶叶做过成分分析，得知一杯茶（约 100 毫升）中大约含有 37 毫克的钾成分。另外，取火烧茶叶，灰烬中大约含有5%～6%的蛋白质成分，其中钾成分高达50%，其次是磷酸物质，大约是15%，其他还有钙、镁、铁、锰等物质。再者，取冲泡好的茶汤加以分析，可得知茶叶所含的矿物质，大约有60%～70%可溶于水。

由以上种种实验与分析可知，茶叶含有丰富的矿物质，若每天适度冲泡饮用，必可补充人体所不足的碱性矿物质，降低血液酸性值，达到预防血液酸性中毒的目的。其次，若长期适量饮用，除了可净化酸性血液外，还能促进血液循环、平衡人体的各项机能。

茶能达到减肥目的

爱美是女人的天性，每一位女性，无不担心身体发胖，有碍美感。其实，身体太胖除了不好看，还会对健康造成不良影响。现代人之所以容易发胖，跟饮食习惯的欧美化有密切关系，吃太多的肉、奶油、面包、可乐、汽水等，又是油脂又是糖，身体不胖才怪。

身体“肥胖化”堪称是现代人健康的一大隐忧。有人误以为少吃就可以减肥，此方法便是众所周知的“节食”。除了节食减肥之外，近些年来极为风行的“跳韵律舞”也成了减肥的主要方法之一。尤其近几年来，从国外引进，强调可以祛除体内多余脂肪、毒素，促进新陈代谢，瘦者吃了会胖，胖者吃了会瘦的“健康食品”，更是成了中青年女性的最爱。

然而，胖不是三两天发生的，瘦同样也不是三两天就瘦得下去。人之所以会发胖，是因为长时间从食物所得到的热量，比消耗掉的热量多，于是未消耗掉的热量便转化成脂肪，一点一滴累积在体内，造成身体发胖。

节食固然能控制热量的摄取，但却会造成人体所需的营养、维生素及矿物质的不足而影响健康，得不偿失。在正常的饮食下，若想控制发胖，最有效的方法就是常喝茶。平时如果养成喝茶习惯，不但可补充维生素 C，还可抑制喝咖啡、果汁等含糖饮料的欲望。

茶除了含有丰富高碱性矿物质外，还含有各种维生素，非常有益健康。茶还有强力消化作用，分解脂肪及祛除脂肪的明显功能，既可防止肥胖又能长期饮用，对于那些喜食西餐、肉食者，是非常不错的日常饮料。

要减肥或防止肥胖，最有效而且最直接的方法，是每天适量饮用茶水。尤其是中年人或上班族，平常因为运动量不足，若能一天喝上几杯茶水，不但可以提神醒脑，同时还具有帮助消化、保持身材健美的功效。

茶可治疗便秘

随着社会的发展，人们的生活愈来愈紧张。为了图生存求发展，每个人每天总是忙忙碌碌，奔东跑西，结果往往导致生活作息紊乱，大多数人便因此而罹患了便秘症。就医学上而言，早晨起床至早餐前后这段时间，是最容易排便的时刻。然而现代人由于生活的不正常，早晨时间过于紧迫，连上厕所的时间都没有，于是便强迫抑制该排出的大便，久而久之，便引发了所谓的习惯性便秘症。根据临床试验发现，茶具有促进胃肠蠕动、提神醒脑、促进胃液分泌增加食欲、有益排便等良好功效，这对过于紧张的现代人而言，的确是一帖治疗便秘的偏方。

茶香可祛口臭

饭后一杯茶，既可祛除口臭，又可齿颊留香。饭后照理说都应该刷牙，但是养成饭后刷牙习惯的人并不多，这些食物渣屑一经口水的分解发酵后，会引起臭味，这便是口臭发生的原因之一。而茶叶所含的单宁酸，具有杀菌作用，能阻止食物渣屑繁殖细菌，故可以有效防止口臭。

茶叶的叶绿素含有芳香成分，具有消除口臭的作用，除了可以消除饭后食物渣屑所引起的口臭外，同时也能够祛除因胃肠障碍所引起的口臭。另外，对于因维生素 C 不足引起牙龈出血所产生的口臭也有效。

近年来嗜吃大蒜、韭菜等食物的人愈来愈多，吃过这类食物之后，口中难免会留下难闻的味道，有些人习惯用口香糖来消除这些臭味。不过，口香糖含有糖分，吃多了会引起蛀牙并使人发胖，并不是很好的除臭品，而喝茶，一方面可有效祛除口臭，同时又不会产生蛀牙的问题。

茶能解酒、防醉

茶能解酒、防醉这是众所周知的事实。喝酒后沏上一壶好茶已成为人们生活习惯的一种。而在喝酒当时，若能同时喝茶，则

可有效防止酒醉。每个人的酒力都不尽相同，有人可以千杯不醉，有人浅尝即醺，而体力、年龄、体质与酒量有或多或少的关系。一个人一旦喝醉酒，便会产生想吐、全身无力、疲劳等不良症状，

这其中的痛苦，只有亲身体验过的人才会了解。

平常我们所说的宿醉，是指喝醉酒之后，大脑神经呈现麻痹现象，因而产生头昏眼花、身体机能不听中枢神经指挥的不调和状况。茶之所以能够解酒，主要因素是它含有维生素 C，当肝脏要分解、排泄酒精时，维生素 C 是不可缺少的物质。

酒后喝杯茶，茶中的咖啡因具有刺激脑中枢神经、促进代谢、利尿等作用，可使人及早清醒；而维生素 C 则有分解、排泄酒精的功效，两相配合下，可尽早解除喝酒者的宿醉。喝酒后第二天醒来，多数人总会觉得口干舌燥。此时若能喝杯热茶，不但可令人顿感清醒，同时还可促进食欲，一举两得。

喝茶可促进食欲

古人曾说“食色性也”。吃是一种天性，人为了生存，每天都得吃足够的食物，一个人若突然不想吃，其因素不外以下几种，一是生病，二是身体疲劳，三是情绪不佳。生病当然要看医生；情绪不佳需要自我调适；至于因身体疲劳所引起的食欲不振，除了适当休息外，最有效且可直接恢复食欲的方法，便是喝杯热茶。

由于茶含有单宁酸（乌龙茶的含量最高），此成分具有促进胃液分泌的功能，提升胃肠蠕动作用，故能有效增进食欲。饭前喝茶，可促进食欲；而饭后喝茶，则能去油腻、助消化。所以，参加宴席时，若因吃得太饱而不易消化时，不妨喝杯热茶，可有效解除胃胀的苦恼。喝茶之所以会如此盛行，是由于近年来物质生活过于丰富，平日大鱼大肉吃得太多，而茶有分解脂肪、祛除油腻的作用，有益健康，因此茶才会如此广受欢迎。不过饭前喝茶虽可促进食欲，但也不可一时饮茶量太多，否则会导致“茶醉”。

芳香的茶叶枕

泡过的茶叶，除了可用来作为肥料外，还有许多不同用途，例如把泡过的茶叶制成枕头便是另一种用途。将泡过的茶叶，晒干后塞入枕头布袋，缝成一个莲蓬枕头，闻起来清香异常，睡起来令人心情舒畅。

虽然用作茶枕的茶叶经过多次冲泡，但其中仍保留着丰富的单宁酸和儿茶素以及许多芳香物质。睡觉时，通过呼吸和皮肤接收这些有效元素，可使人们在第二天醒来之时神清气爽，有利于白天的工作。

上好的清洁剂

喝剩下来的茶汤，可用来擦拭玻璃器皿，其擦拭效果比用清水好得多。用茶汤擦拭过的器具，显得光亮无比。不过，茶汤本身有色素，用来擦拭器具时，一定要注意不可留在器具上，否则一旦生锈，将很难处理。

其次，一般不宜使用化学清洁剂的衣物，不妨用泡过的茶叶煮水来清洗，如此可保持该衣物原来的色泽，永远光亮如新。此外，竹床草席，若经常用茶水来擦拭，不仅可以有效去除汗臭味、灰尘，且躺在上面可令人心旷神怡。

茶叶可杀菌消炎

出门在外，如果不慎摔倒擦破皮或碰撞引起红肿，一时之间找不到消炎药水时，不妨利用冷凉茶汤清洗患部，并嚼些茶叶敷在伤处。

如此的处理，不但可防止细菌感染，还可消炎止痛，是野外活动的紧急处理方法之一。

清除家具油漆味

新买回来的家具，不但有一股刺鼻的油漆味，另外也常会散发出令人睁不开眼睛的刺激味。对于这些刚买回来的新家具，不妨先用茶水由头至尾，由内到外着实擦洗一遍，同时用碗装些茶叶放在里面几天，如此即可轻易将家具的油漆味及木材辣味除掉，效果极佳。

治香港脚

香港脚（脚气）虽然不是什么大病，但在今天，由于几乎天天都必须穿鞋穿袜，所以，要使香港脚痊愈，的确不是一件容易的事。茶叶含有单宁酸成分，单宁酸具强烈杀菌作用。罹患香港脚时，可取来茶叶，用水煮沸，把毛巾浸在里面一会儿，取出敷在患部上，每天敷 4 ~ 6 次，香港脚很快就可痊愈。

另一种方法是将茶叶煮成浓茶汤，将脚浸泡在茶汤里，一段时间后香港脚即可不药而愈。除了治疗香港脚外，茶叶还能祛除鞋臭味。方法是用卫生纸将茶叶包成薄薄的一包，铺在鞋底上当作鞋垫，可以有效消除鞋臭味。

茶汤漱口效果佳

平常吃过东西后，一般人都习惯用水漱口。用水漱口，其作用只是单纯将嘴巴的残留物清除。若改用茶汤漱口，则另具特殊作用。例如，当喉咙疼痛、口干舌燥或呼吸不顺时，用茶汤漱漱口，则具有很好的缓和作用。

另外，有些人很喜欢吃大蒜或葱，吃过蒜或葱后，即使立刻刷牙，也不见得能完全把嘴里的异味消除。此时，不妨抓一把茶叶含在口中3~5分钟后再吐出来，嘴里的蒜、葱味即刻消失无踪，让人觉得口中芳香无比。

消除各种恶臭

许多家庭妇女，经常会为了家中物品发生异味而深感烦恼。例如长期放在衣柜中的衣服，会充满樟脑丸的味道，而冰箱里也会因生鱼、生肉产生腥臭味，大门旁边的鞋柜，因长时间放置鞋子，免不了会发出难闻的臭味。诸如此类家庭生活中可能产生的臭味，都可以使用茶叶消除。衣服充满樟脑味时，用茶叶的烟熏一熏，即可消除；用小碟子装一把干茶叶，放入冰箱中，则会将冰箱中的腥臭味吸收掉；大门的鞋柜若出现异味，将茶叶放在鞋柜中即可将味道祛除。此外，茶叶也可以充当厕所的防臭剂；衣服上若沾有香烟臭味，也可以利用上述方法消除。总之，茶叶的除臭用途极为广泛。

茶叶可当肥料

泡过的茶叶丢入垃圾桶太可惜，若将它铺在家中盆栽花卉的根部上，可充当肥料，对植物的生长颇有助益。其次，种植花木时，在花盆底层，铺上厚约2厘米的茶叶，除了可促进排水功能外，同时也可作为肥料，提供营养给花木，增进花木活力。

茶叶保健功用的研究

自古以来，茶即被视为良好的天然保健饮料，从数千年历史中诸多文献与药典之记载，至近代科学之研究，均证实茶是一种良好的天然保健饮料。

茶之为药用，从“神农尝百草，日遇七十二毒，得茶而解之”发现茶之神秘传说，而后再经一段极为漫长而悠久的历史演变（至少千年以上），才逐渐转为日常生活饮料。而从数千年来茶叶的历史审视，历史上有太多的文献与重要药典皆明确记载茶是一良好的天然保健饮料，诸如我国重要药学图书《本草纲目》、《千金要方》、《医方集论》、《摄生众妙方》、《华佗食论》、《家白馆丞志》等。唐代著名药学家陈藏器于《本草拾遗》中有言："诸药为各病之药，茶为万病之药"，对茶之保健功效可谓推崇备至，而我国最重要之药典、明朝李时珍所著《本草纲目》亦言："茶苦而寒，最能降火，火为百病，火降则上清矣"。另在日本被尊称为"茶祖"的荣西禅师（1141－1215 年），于其所著的《吃茶养生记》中开章即明言："茶者，养生之仙药也，延龄之妙术也"。而随着近代科技之进步与发展，近一二十年来茶叶保健功效之研究，不论中国、日本、欧美等各国名医、医学院及大学和研究机构，每年都耗费了极大人力和物力从事相关之研究，同时也纷纷提出许多珍贵的研究报告，至今累计已达千篇以上，而其结果皆一致显示茶确实具有相当神奇之保健功效。

强抗氧化活性之确认

茶叶中的儿茶素成分具有很强的抗氧化作用，远优于维生素 C 与维生素 E 等抗氧化剂。这是做得最多也最久的研究，早在 20 世纪 60 年代儿茶素的抗氧化活性即被发现，而截至目前儿茶素成分也已被确认为是活性最强的天然抗氧化剂，目前早已有许多食品或商品应用儿茶素作抗氧化剂。

有效祛除有害自由基与抗衰老之功效

儿茶素浓度很低时即有极强的消除有害自由基之功效，浓度在0．1毫克/毫升以下时即可消除有害自由基达 99% 以上。有害自由基是导致人体细胞衰老之主要原因。许多试验已证实，茶中儿茶素成分可以有效祛除有害自由基，因此可达到真正抗衰老之作用。

自由基为一种活性化学物质，存在于人体之代谢中或摄取的食物内，它会与身体的组织结构产生化学作用，造成种种生理障碍。所幸年轻时我们身体内有清除这些有害自由基的物质存在（称为自由基清除剂），因此年轻人大多都健康活泼，但随着年龄的增长，这种保护身体功能的自由基清除剂就逐渐减少，因此衍生出各种老年病——如动脉硬化、冠心症、老年痴呆、帕金森氏症、糖尿病、白内障、阳痿症及各种癌症等，因此老年人有必要补充自由基清除剂，以减缓老化的速度。

维生素 C 和维生素 E 就是补充自由基清除剂的药物，因此很多人已经在服用，但饮茶为最自然且效果更佳的自由基清除剂增加方法。

饮茶为中国人古老的传统饮食文化，东传日本后更发扬光大为“茶道”。根据现代的医学研究得知，茶之神效功能来自其所含的茶多酚成分，是强力的自由基清除剂，因此多饮茶可预防衰老。而各种茶中，以“绿茶”的茶多酚含量最高，也许这就是近几年来“绿茶”越来越流行的原因吧！

抗菌及抗病毒作用

历史上很早就有利用茶水来治疗病原菌引发疾病的应用实例，近代科学则证实，儿茶素的抗菌作用，不仅对一些食品病原菌具有极佳之抑菌或杀菌效果，而且对滤过性病毒也具有良好的抗毒作用。因此，诸多学者曾提议利用茶水漱口，以预防感冒和清洁口腔。

抗动脉粥样硬化及降血脂作用

儿茶素可以降低胆固醇的吸收，很多试验报告已证实，常饮茶有利于良性的高密度脂蛋白（HDL）的形成，而不利于有害的低密度脂蛋白（LDL）的生成。另外，儿茶素亦具有很好的降血脂及抑制脂肪肝的作用，对高脂饮食者而言，常饮茶则可通过儿茶素有效抑制体脂肪与肝脂肪的积聚及降低血脂含量，从而达到保健目的。

抑制肥胖

自古就有诸多文献记载茶能抑制或防止肥胖，如《本草拾遗》中所记："久食令人瘦、去人脂"，相关的文字记载更不胜枚举，如饮之"令人轻耳换骨"、"令人有力悦志"、"消食止渴"、"久服瘦人"、"去腻除脂"……近代科学则证明，常饮茶可抑制肠胃道高热量食品的消化吸收，可有效抑制体脂肪的积聚，从而达到防止肥胖的目的。因此常饮茶可令人瘦是有科学依据的。现代人饮食常由于过度精致美味而引发肥胖，而有效地运动加常饮茶是良好的健康瘦身法。

绿茶的减肥效应已被多方面证实，天天喝绿茶对于减肥与健康有莫大的帮助。

瑞士日内瓦大学的 DrAbdulDulloo 发表在美国《临床营养学》期刊的一篇研究报告，证明了绿茶能够加快能量，特别是脂肪的消耗，对于瘦身减肥确实有帮助。

研究人员以绿茶提取物的胶囊、咖啡因以及对照的安慰剂为研究，看看是不是吃下绿茶胶囊之后，能量的消耗会变快。

研究发现，吃绿茶胶囊的一组，能量的燃烧加快，脂肪的燃烧也加快，而咖啡因与安慰剂则没有效果。由此来看，绿茶减肥真的是有其根据，天天喝绿茶对于减肥与健康是有帮助的，绿茶中有很丰富的抗氧化物，能够防止自由基发生，对于皮肤抗皱也有很好的效果，长期喝茶还能够抗癌和预防心脏病。

抑制细胞突变及防癌

儿茶素能有效抑制细胞突变即防癌，这是近十年来研究最多、最广泛的课题，已有很多研究报告证实，儿茶素可以有效抑制细胞突变。即使在很低浓度下，儿茶素也可以透过很多机制而达到抗癌及抑制细胞突变的效果，如通过抑制癌细胞增殖酵素 ODC 活性而达抗癌作用，抑制 DNA 合成癌细胞及增殖，及对最终致癌物之生成的阻断作用等。总之，确实有充分的证据显示常饮茶确有抑制细胞突变及防癌之功效。

不适饮茶之人

虽然已有充分的证据显示，常饮茶确实有益人体健康，然而过量饮茶是否有害却很少被人提及和重视。其实，过量饮茶对某些特殊体质的人确实是有害无益，如李时珍于《本草纲目》中所言："若虚寒及血弱之人，饮之既久，元气暗损"。又常饮茶会"瘠气侵精、终身之害"、"令人瘦、去人脂"，"多服少睡、久服瘦人"等文字常见于古籍针对饮茶有害的评语中，这些评语也可用现代科学来验证。而究竟有哪些人不适宜喝茶呢？以下就是几种不适宜饮茶的人：

失眠症患者

茶能利尿、提神、兴奋最主要是因含咖啡因，虽然咖啡因的利与弊长久以来争论不休，然而近代科学已明确证实："过量摄入咖啡因对人体的利大于弊，即使过量摄入，短暂有弊害也将很快恢复"，这是国际上著名的食品安全和营养研究的专家委员会所下的结论。一般茶叶含的2%～3%的咖啡因，冲泡一杯茶平均约含30～70毫克咖啡因，每天每人纯咖啡因的摄取“可容许限量”为0.65克，即相当于每人每天至少要喝30克以上的茶，但一般人每天很少喝这么多茶。咖啡因是中枢神经兴奋剂，摄入人体后在血液中的半衰期可长达数小时乃至数天，因此患有失眠症或精神衰弱的人睡前数小时应避免喝茶。

贫血及服用含铁剂药物的人

茶中的儿茶素是非常活跃的成分，很容易与铁结合而生成不可溶的复合物，阻碍人体对铁的吸收，因此患有贫血症或服用含铁剂药物的人应避免长久喝茶。

素食者尽量避免长久饮茶

虽然，自古以来饮茶的历史与僧侣有密切的关系，但一般素食者很容易患缺铁症及蛋白质缺乏症，所以，素食者常饮茶更容易患贫血或缺铁症。

太瘦及营养不良和患蛋白质缺乏症的人

常饮茶的好处之一是可以抑制肥胖，通过儿茶素对淀粉水解酵素和蔗糖水解酵素的抑制，以抑制体内脂肪积聚，可以有效防止肥胖，但茶中的多元酚类也会阻碍人体对蛋白质的吸收，因此长久饮茶很容易造成蛋白质吸收障碍，同时亦抑制人体对钙和B族维生素的吸收，因此太瘦或饮食缺乏蛋白质的人最好避免过量或长久喝茶。

空腹及低血糖患者

儿茶素可以在很短时间内迅速降低人体血液中血糖和血中胰岛素含量，所谓空腹饮茶常引起的“茶醉”，其真正原因即人体血糖和胰岛素含量迅速降低所致。人体空腹时血糖含量原已偏低，再饮茶则血糖含量短时间内会降得更低，结果很容易导致晕眩、恶心、反胃、心悸等症状，所以空腹及低血糖症患者应忌喝茶。

孕妇、小孩、患肠胃溃疡和服用镇静剂者

过量或长久饮茶除了可能会导致蛋白质吸收障碍，也会阻碍人体对钙和铁的吸收，孕妇和小孩急需钙和铁以补充身体需要，摄取太多茶，很容易患缺铁性贫血。而患肠胃溃疡和服用镇静剂者，由于茶的刺激性，亦最好能避免过量饮茶。

孕妇和刚动手术的病人都不宜喝绿茶

虽然绿茶的成分有助于抗癌，能有效对付恶性肿瘤，但是对于孕妇和一些手术病人就不适用了。因为绿茶里含有的一种物质“EGCC”，会阻止“新生血管生成”。这种反应对杀死癌症细胞颇为有效，因为它是靠阻断新生血管，让癌症细胞缺乏营养的供给，以“饿死”的方法来对付癌细胞，因此你可别以为绿茶妙用无穷就一直猛喝!

患有糖尿病的病患可以多喝绿茶来预防失明，但是对孕妇而言，因其身体正在进行新血管的增生以便抚育婴儿；刚动过手术的病人喝绿茶会使伤势的痊愈变得缓慢。还有绿茶因为属性较凉，所以胃不好的人，也不能多喝，否则反倒有害处。

喝茶吃中药不怕相冲

喝茶现已十分普遍，包括饮用传统的乌龙茶、金萱、香片或是现代的橘茶、泡红茶、奶茶、花茶。但是，当“喝茶族”看中医时，常会问到一个问题，喝茶跟吃中药会不会抵触，会不会相冲，说得更直接一点，喝茶会不会解中药，在治疗期间如果喝茶，效果会不会打折扣？甚至用茶来服药是否可以？

其实“茶”本身就是一味中药，像治疗感冒头痛很常用的方子——“川芎茶调散”，其中就用到“茶”这味药。

在明朝李时珍的《本草纲目》中记载，茶的味道苦带甘，性味是寒性，有“清头目、醒昏睡”的作用，当疲倦乏力嗜睡多睡，头目昏沉时饮用，可以提神、振奋神经；茶有“化痰消食下气”的功效，当油腻的食物吃得很多，导致肠胃不适时，喝茶有消油脂作用，而咳喘人饮茶也有化痰降气的功能；茶有“利尿止泻”的作用，偶尔喝茶的人会有感觉，小便的量会增加，茶本身有利尿的功效，是因为茶叶中所含茶碱的作用，而且茶叶有止泻的功能。

前面所讲茶叶的作用是对传统的“茶”而言，现代的茶种类涵盖广泛，有许多是作成像“茶”一样的饮料，如牛蒡茶、杜仲茶、罗汉果茶，虽有“茶”之名，但并没有“茶”的成分，有的是一种加味的茶饮料，这些就没有传统“茶”的作用。

有一些医书中有记载饮茶的禁忌，《本草拾遗》这本书提到“食之宜热，冷即聚痰，久饮令人瘦，使不睡”。这是说饮茶宜热饮，冷服不好是因为茶是寒性的药草，寒冷的性质会影响人体脾胃对水分的运化，使水分停聚进而化为痰；“去油脂”的作用，使得久服会令人变瘦；“清头目、醒昏睡”的作用使人精神振奋，难以入睡，所以《本草纲目》也提到“失眠者忌服”。而一般“喝茶族”也不要过量饮用，避免造成失眠、心悸、头痛、耳鸣、眼花等症，空腹饮茶不要过浓，小便原本频繁的人，也不适宜服用。

药物和茶的相互作用，在《本草纲目》只提到“服威灵仙、

土茯苓者忌饮茶”，《中药学》另提到“服土茯苓期间忌饮茶，否则可致脱发”，并没有提到和茶会“相恶”、“相反”的药物（“相恶”是指两种药物合用，一种药物会破坏或降低另一种药物的功效；“相反”是指两种药物合用，能增强或产生毒性或副作用）。所以除了上述威灵仙、土茯苓二味药，一般喝茶是不会和吃中药相抵触，喝茶也不用担心会解药，治疗期间喝茶，效果是不会打折扣的，但用来配药服，仍是不宜，最好是用白开水。

在《本草纲目》有提到“酒后饮茶，引入膀胱肾经，患瘕疝水肿”，所以饮茶虽有“解酒食油腻烧炙之毒”，但也要注意它的副作用。

第二十二章
茶叶的选购及储存之道

茶叶的质量标准

茶叶的好坏，主要从以下几个方面衡量。

外形质量

嫩度

嫩度是决定品质的基本因素，“干看外形，湿看叶底”，就是指嫩度。一般嫩度好的茶叶，容易符合外形要求。此外，还可以从茶叶有无锋苗去鉴别。锋苗好，白毫显露，表示嫩度好，做工也好。如果原料嫩度差，做工再好，茶条也无锋苗和白毫。芽叶嫩度以多茸毛做判断依据时，只适合于毛峰、毛尖、银针等“茸毛类”茶。

条索

条索是指各类茶的外形规格，如炒青条形、珠茶圆形、龙井扁形、红碎茶颗粒形等等。一般长条形茶，看松紧、弯直、壮瘦、圆扁、轻重；圆形茶看颗粒的松紧、匀正、轻重、空实；扁形茶看平整光滑程度和是否符合规格。一般来说，条索紧、身骨重、圆（扁形茶除外）而挺直，说明原料嫩，做工好，品质优；如果外形松、扁（扁形茶除外）、碎，并有烟、焦味，说明原料老，做工差，品质劣。

级别	一级	二级	三级	四级	五级	六级
标准	细紧有锋苗	紧细	尚有锋苗	尚紧实	尚紧稍松	粗松

色泽

茶叶色泽与原料嫩度、加工技术有密切关系。各种茶均有一定的色泽要求，如红茶乌黑油润、绿茶翠绿、乌龙茶青褐色、黑茶黑油色等。无论何种茶，好茶均要求色泽一致，光泽明亮，油润鲜活。如果色泽不一，深浅不同，暗而无光，说明原料老嫩不一，做工差，品质劣。茶叶的色泽还和茶树的产地以及季节有很大关系。如高山绿茶，色泽绿而略带黄，鲜活明亮；低山茶或平地茶色泽深绿有光。

购茶时，应根据具体购买的茶类来判断。比如最好的狮峰龙井，其明前茶并非翠绿，而是有天然的糙米色，呈嫩黄。这是狮峰龙井的一大特色，在色泽上明显区别于其他龙井。因狮峰龙井卖价很高，茶农会制造出这种色泽以冒充狮蜂龙井。方法是在炒制茶叶过程中稍稍炒过头而使叶色变黄。

真假之间的区别是，真狮峰匀称光洁、淡黄嫩绿、带有清香；假狮峰则角松而空，毛糙，偏黄色，带有炒黄豆香味。不经多次比较，确实不太容易判断出来，但是一经冲泡，区别就非常明显了。炒制过火的假狮峰，完全没有龙井应有的馥郁鲜嫩的香味。

整碎

整碎就是茶叶的外形的断碎程度，以匀整为好，断碎为次。

将茶叶放在盘中（一般为木质），使茶叶在旋转力的作用下，依形状大小、轻重、粗细、整碎形成有次序的分层。其中粗壮的在最上层，紧细重实的集中于中层，断碎细小的沉积在最下层。

无论哪种茶，都以中层茶为好。

上层一般是粗老叶子多，滋味较淡，水色较浅；下层碎茶多，冲泡后往往滋味过浓，汤色较深。

净度

主要看茶叶中是否混有茶片、茶梗、茶末、茶籽和制作过程中混入的竹屑、木片、石灰、泥沙等夹杂物。净度好的茶，不含任何夹杂物。此外，还可以通过茶的干香来鉴别。无论哪种茶都不能有异味。每种茶都有特定的香气，干香和湿香也有不同，需根据具体情况来定，青气、烟焦味和熟闷味均不可取。

观茶型

辨识种类	辨识观念	辨识方法
看干茶叶的表面色泽与水色	几分火的茶叶，就要有几分火的水色	两分火茶叶，却是五分火的水色，说明烘焙过火
茶叶形状看粗细轻重	新鲜的茶青细嫩，条索才能揉捻紧结，养分多，茶身重，像是海拔高的高山茶。条索松散粗碎，像是海拔低的茶。同样的重量，高山茶比低山茶体积小	①用手取同量茶于手中或五指撮抓，稍加抖动可测出轻重②将茶叶放落茶盘内（铝制）听其落声，可测出轻重

茶身弹性

以手指捏叶底，一般以弹性强者为佳，表示茶青幼嫩，制造得宜。叶脉突显，触感生硬者为老茶或陈茶。

发酵程度

红茶系全发酵茶，叶底应呈红鲜艳为佳；乌龙茶属半发酵茶，以各叶边缘都有红边，叶片中部成淡绿为上；清香型乌龙茶及包种茶为轻度发酵茶，其叶边缘锯齿稍深位置呈红边，其他部分呈淡绿色为正常。

茶叶的干湿

茶叶越干燥，越能保持茶质，干燥度在5%以下者为佳。

茶质干燥度在5%以上，茶叶便会产生后发酵，即使真空贮藏也会。

将茶叶握于手中，有坚硬的刺觉，表示干燥。可将一颗茶叶用手压成粉状，以感觉其干燥度。

金萱茶：奶香味

文山清茶：清淡花香

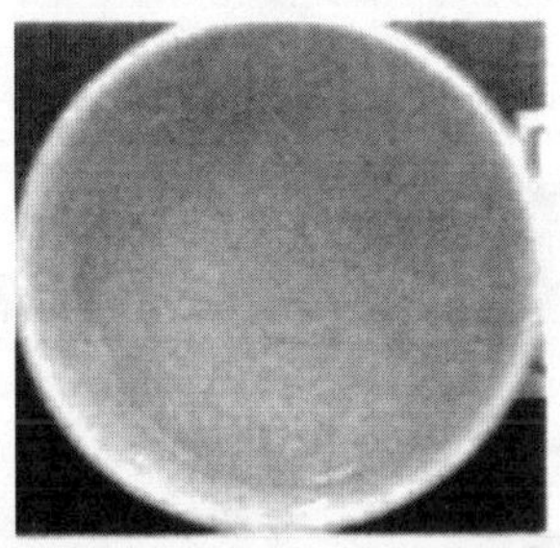

毛茶：清新草味

铁观音：弱果酸味

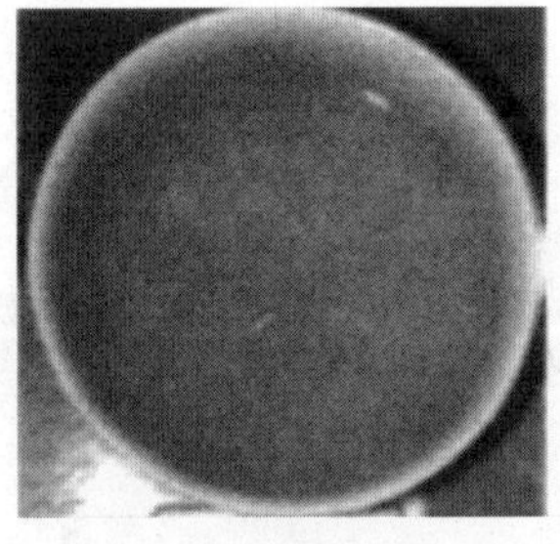

东方美人（白毫乌龙）：蜜味

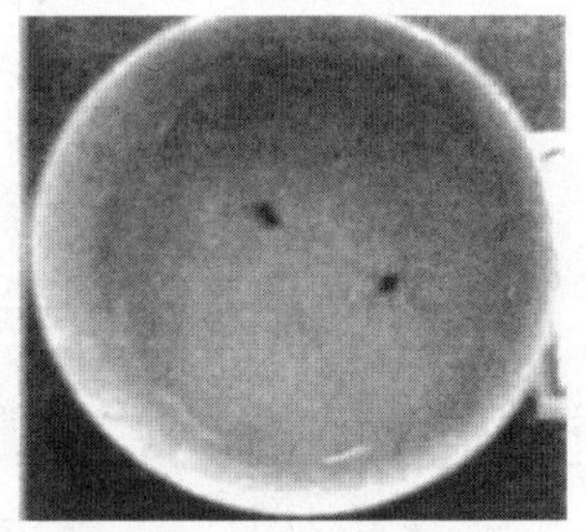

茉莉花茶：茉莉花香

红茶：接近麦芽香气味

普洱茶：淡霉味

闻茶香

香的程度

各种茶香气以清纯为上，愈明显愈好，茶香浅闻细入经鼻道直入脑际者为佳。香气留香愈强、愈久则愈佳。

臭青味、草青味均非茶原味。

闻香杯放冷后，有冷香者为佳。

乌龙茶依焙火程度区分为

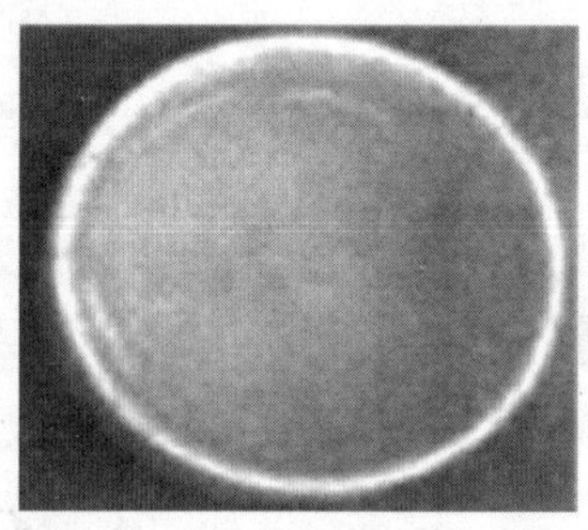

1分火（原味）

烘焙时间较短，接近毛茶，茶汤呈金黄微绿色，有新鲜的嫩香气味（草青味），闻着很香，但口感淡。

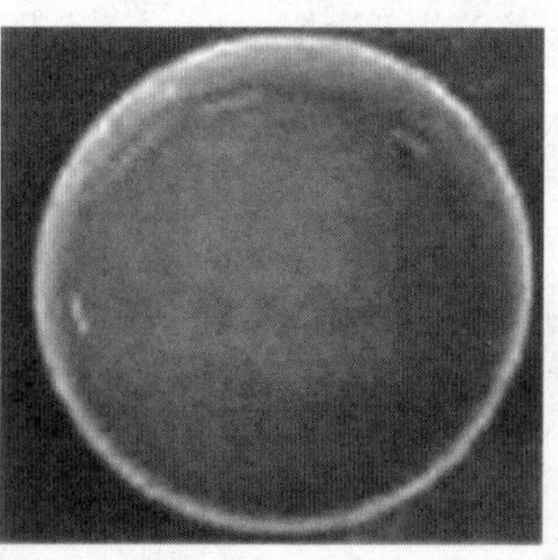

2分火（香气、韵味并重）

烘焙时间短，茶汤呈金黄微橙色，有明显的花果香（无草青味），嘴先甜，再喉咙甘。

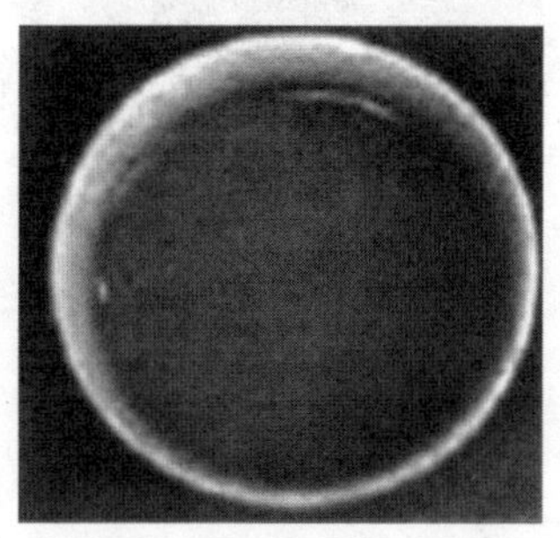

3 分火（注重韵味者）

烘焙时间长，茶汤呈琥珀色，喉韵好，嘴先甘，再喉咙甜，有米香味（香味较沉）。

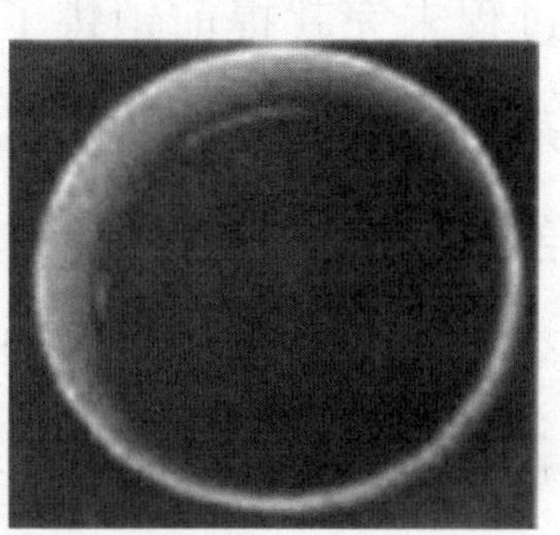

5 分火（韵味浓者）

烘焙时间较长，茶汤呈暗红色，具有强烈的炭香味（口味类似炭焙乌龙），无刺激，适合胃寒的人食用。

茶味属老人茶。

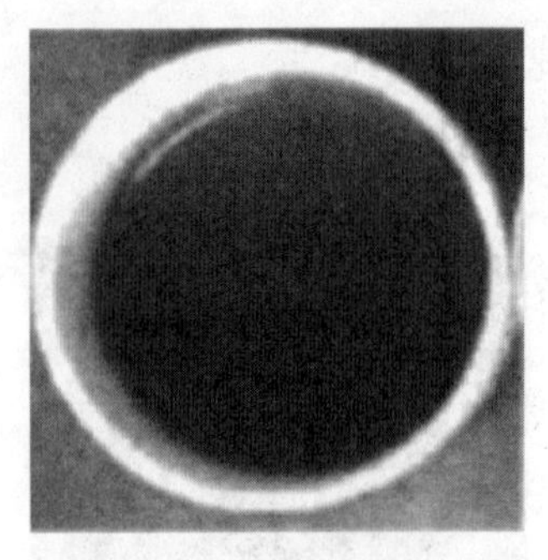

8 分火（清淡炭焦味）

吃茶味

茶汤入口，茶水圆滑，茶味甘润、醇厚为佳，苦涩味重、味淡者为劣；使舌、鼻、喉立即起反应者为佳，有臭青味、陈茶味或其他杂味者为劣。将茶水放冷来喝，若香气茶味与热饮时差距甚大，则是茶叶制造过程未完就提前销售了。茶汤入口，含在口中，由嘴吸气，滚动茶汤，由舌头判别：茶味的反应在整个口腔及唾液，涩在舌尖，苦在舌根。若有苦涩或臭青味则是茶叶没制好，不然就是走味。茶叶含水分多，易生苦涩或臭青味，茶干燥不足会生碱味，茶收藏不当，吸收各种味道，称杂味。

茶味的喉韵

气清——闻香杯有无香味。

质醇——茶喝起来柔润、滑顺、无锁喉、涩味。

韵雅——茶的甘甜由喉咙至嘴巴，浓茶在嘴巴会化，苦则不会。

香沉——饮后口齿留香同甘久。

叶面展开度

冲泡后很快展开的茶叶，大都是粗老之茶，条索不紧结，泡开后甚薄，茶汤多平淡无味且不耐泡。泡后茶叶逐次开展者，系幼嫩鲜叶所制成，且制造技术良好，茶汤浓郁，冲泡次数亦多。叶面不开展或经多次冲泡仍只有小程度开展的茶叶，则不是焙火失败就是已经放置一段时间的陈茶。

茶叶的质量级别

由于目前茶叶市场在经营、销售过程中，在品种、级别的标准上存在许多不规范的情况，为规范市场，保护消费者利益，维护合法经营者的利益，政府及有关部门，已组织有关专家，研究并制定了有关茶叶的质量标准。

绿茶级别

西湖龙井：特一级、特二级、特三级、一级、二级、三级、四级。

浙江龙井：特一级、特二级、特三级、一级、二级、三级、四级、五级。

洞庭碧螺春：一级、二级、三级。

黄山毛峰：特一级、特二级、特三级、一级、二级、三级。

曾通毛峰：一级、二级、三级、四级、五级。

红茶级别

祁门红茶：礼茶、特茗、特级、一级、二级、三级。

云南红茶（滇红）：礼茶、特级、一级、二级、三级。

茉莉花茶级别

工艺茉莉花茶、特种茉莉花茶。

茉莉花茶：特级、一级、二级、碎茶、片茶。

乌龙茶（青茶）级别

铁观音：特级、一级、二级、三级、四级。

普通乌龙：特级、一级、二级、三级。

水仙：特级、一级、二级、三级。

茶叶质量的辨别

中国茶叶有几千年的历史，逐渐发展并形成了千余种茶叶，其种类之多，为世界之冠。把所有的茶归纳起来，可分为两大类，即基本茶类和再加工茶类。基本茶类中包括绿茶、红茶、乌龙茶、白茶、黄茶、黑茶。以基本茶类的茶叶作原料进行再加工制成的茶称再加工茶，主要包括花茶、紧压茶、萃取茶、果味茶、药用保健茶和含茶饮料。

喜欢饮茶的人必须掌握茶叶质量的辨别方法。

新茶与陈茶的辨别

凡是当年采摘的鲜叶，经加工而制成的茶叶称为新茶。非当年采制的茶叶为陈茶。怎样辨别新茶与陈茶呢?

从茶叶色泽上进行分辨

在茶叶的储存过程中，构成茶叶色泽的一些物质会在光和空气的作用下，或是缓慢分解，或是自动氧化。绿茶中叶绿素分解、氧化的结果，会使茶叶的色泽由新茶时的青翠碧绿变成枯灰无光；而红茶中茶多酚的氧化缩合，会使茶叶色泽由新茶时的乌润变成灰暗。

从茶叶的香气上进行区别

据研究，构成茶叶的香气中共有300多种成分，主要由醛类、醇类、酯类等物质构成。这类物质的特点是，既能不断挥发，又能缓慢氧化成其他化合物。于是，随着储存时间的延续，茶叶的香气自然由新茶时的清香而变得低浊了。

从茶汤的滋味和汤色上辨别

不管哪种茶类，新茶的滋味都醇厚鲜爽，而陈茶却淡而不爽。这是因为在储存过程中，茶叶中的脂类化合物以及氨基酸、维生素等物，有的分解挥发，有的变成不溶于水的物质，这样可溶于水的有效成分减少了，茶汤就变得淡薄了。

从茶汤的色泽上来看，新绿茶汤清叶绿，新红茶红艳明亮；

而陈茶的茶汤往往变得混浊不清，这是由于陈茶中茶褐素增多而造成的。

总之，新茶的色、香、味都给人以色鲜香高爽的感觉，而陈茶往往会有香沉味晦之感。

春、夏、秋茶的识别

春茶的识别

由越冬后茶树第一次萌发的芽叶制成的茶叶称为春茶。通常春茶都在每年5月底前采摘制成。由于春季温度适中，雨量充沛，又加上茶树经头年冬季的休养生息，体内营养物质丰富，因而茶叶的汁水较多。据测定，春茶氨基酸、芳香物质、维生素C的含量较高，于是茶叶的滋味鲜爽，香气强烈。

从干茶上进行识别，凡红茶、炒青、烘青条索紧结，珠茶颗粒圆紧，龙井、旗枪则光、扁、平、直；红茶色泽乌润，绿茶色泽绿润；芽、叶、梗肥壮，茶叶重实的为春茶。

冲泡时茶叶下沉较快，香气浓烈持久，滋味醇厚，汤色清澈明亮；绿茶汤色绿中透黄，红茶红艳带金圈；叶底柔软厚实，正常芽叶（有明显的顶芽的芽叶）多，叶脉细密，叶缘锯齿不明显的即为春茶。

夏茶的识别

夏茶多指每年6月初到7月初采摘制成的茶叶。

由于夏季气温较高，茶树芽叶中多酚类物质积累较多，故夏茶冲泡后喝起来不如春茶鲜爽，而显得比较苦涩。

从干茶上进行识别，凡红茶、炒青、烘青条索松散，珠茶颗粒松泡，龙井、旗枪宽大、欠光、扁、平、直；红茶色泽红褐，炒青灰暗，烘青乌黑，龙井青绿，茶叶轻飘，嫩梗瘦长的即为夏茶。凡冲泡时，茶叶下沉较慢，香气欠高；红茶滋味欠厚带涩，叶底较红亮，汤色红暗；绿茶滋味苦涩，叶底中夹有铜绿色芽叶，汤色带青绿；叶底薄而较硬，对夹叶（顶芽不明显的芽叶）相对

较多，叶脉较粗，叶缘锯齿明显的即为夏茶。一般来说，夏茶品质较差，但也有例外，有的产区夏茶加工的红碎茶，其滋味却比春茶好。

秋茶的识别

秋茶是每年7月中旬以后直至当年茶季结束采摘制成的茶叶。经过春、夏两季茶叶采收，茶树体内贮存的营养物质显著减少，

茶汁深度减低，滋味自然淡薄了。从干茶上进行识别，凡茶叶大小不一，叶形瘦小，茶叶轻薄，绿茶色泽黄绿，红茶暗红的为秋茶。凡冲泡的，香气不高，滋味淡薄，稍带涩味，叶底常夹杂铜绿色芽叶，对夹叶多，叶缘锯齿明显的为秋茶。

春、夏、秋茶在外表形态和品质特点上的差异，主要是由于气温、雨量、温度、日照等不同气候条件造成的。如我国广大产茶区域中，长江中下游地区四季分明，华南、西南地区分旱、热两季，这些都会使得茶叶的自然品质发生变化，这样制成的茶叶当然也就不同了。

窨花茶与拌花茶的区别

花茶是利用茶叶容易吸收异味的特点，采用茶叶和鲜花拌和窨制成的。花茶品种繁多。最常见的有茉莉花茶，其次是珠兰花茶、玉兰花茶、玳玳花茶，此外，还有玫瑰花茶、桂花茶等。花茶的加工分窨花和提花两道工艺。以茉莉花茶为例，窨花时先用少量玉兰花打底，目的是提高花茶的香气。

接着，将原料茶和茉莉花拌和成堆，使茶叶慢慢吸收花香。直到鲜花失去香气，才筛出花渣，及时烘干。这样制成的花茶，才不至于香气浑浊，失去清鲜感。由于鲜花的吐香是有一定限度的，所以，一些高档花茶还需进行第二次，或要多次窨花，只有这样，才能使花茶香气久而不衰，即便冲泡多次，也仍留有鲜花的余香。

提花的目的在于提高花茶表面的香气。无论是一次花、二次花，或是多次花，都需要用少量鲜花最后窨一次，但无须再烘干。这样能使花茶有香气扑鼻之感。

花茶的香气，主要表现在浓、鲜、纯上。茉莉花茶的幽雅芬芳，珠兰花茶的鲜纯浓厚，玉兰花茶的馥郁甘美，玳玳花茶的浓烈净爽等，都是各种花茶的香味特色。

花茶窨花后，失香的花干经筛分提出，移作他用，只允许极少量的花干存在。一般越是高级的花茶，越难见到花干，即使是某些低级花茶，其中夹杂着少数花干，也仅仅是为了增色而已，决不是为了增加香气。

人们在市场上偶尔会见到夹杂许多花干的花茶。其实，这种花茶大多是拌花茶。因为它没有经过鲜花的窨制，仅仅将窨制花茶之后提出的失香花干，拌在低级茶中而已，所以，只要一闻一饮，就能断定它是拌花茶。拌花茶只有茶味，却无茶香和鲜花的香气。

即使有人在拌花茶上喷上少量香精冒充花茶，也不难鉴别——闻之，气味不同于天然的花香，而只能闻到闷人的香气；泡之，头饮虽有香气，二饮香气逸尽，气味全无。

真假茶叶的甄别

凡是从茶树上采摘下来的鲜叶，经加工制成的茶叶为真茶。凡是非茶树的其他植物芽叶制成形似茶叶的茶，通称为假茶。

粗粗一看，假茶原料形同茶叶，常用的有女贞树叶、冬青树叶、桑树叶、柳树叶、金银花叶等，通过掺杂在茶叶原料中一起加工，做成与茶叶一样的条索或颗粒，这样，便给甄别真假茶带来了困难。

其实，只要仔细观察，总会发现一些蛛丝马迹。这是因为每种植物都有自己的特征，它们既表现在外表形态上，又反映在内

在成分上。真假茶的甄别可以“干看”和“湿看”。

干看

可用双手捧起一把干茶，用鼻子闻香。凡具有茶叶固有清鲜香味，即为真茶；凡带有青腥气、霉菜味或其他异味的，为假茶。

接着，还可抓一把茶叶放入白色盘子或白纸中央，摊匀后仔细察看。如绿茶深绿，红茶乌黑有光，乌龙茶乌绿带润，白茶毫苞银白的，即为真茶；凡色泽滞枯，呈现绿色或青色的，多有假茶之嫌。

湿看

取适量茶叶（包括有嫌疑之假茶），放入杯中，开汤审评，可以进一步从香气、滋味、汤色上来甄别真假茶。

假如从叶底上进行观察，就更能甄别出真茶和假茶：

（1）真茶的叶片边缘锯齿，上半张密而深，下半张衡而疏，近叶柄处平滑而无锯齿。假茶多数叶缘有锯齿，或无锯齿。

（2）真茶主脉明显，背面叶脉隆起，支脉成60°角。每根支脉通常在离边缘三分之一处向上弯曲，与上一支脉相连接，形成一个龟壳状的网状脉。假茶往往脉多，呈羽毛状，直通叶子边缘。

（3）在放大镜下可见到真茶叶片背面的茸毛与叶面垂直，上半部与下半部呈 60°～90°角弯曲。假茶叶片背面无茸毛或茸毛直立生长。

（4）真茶叶片在茎上呈螺旋状互生，假茶常为相对或几片叶簇状着生。此外还可采用化学方法测定咖啡碱和儿茶素的含量，也能甄别出茶的真假来。

茶叶保管及储存方法

在日常生活中，人们对如何选购好茶是十分重视的。但购回茶叶后，由于缺乏有关知识或不善于保管，不出一两个月，茶叶就陈化变质了。陈化变质的茶叶，轻则变色，香气消失，条索（颗粒）松软，湿看汤色泛黄，滋味淡薄；重则茶叶吸收异味，或霉烂变质，不堪饮用。与此相反，保管得好的茶叶，即使存放一年以上，用来泡茶依然香气不散、滋味不变、颜色不走。

茶叶的特性

一包刚买来的新茶，贮放不久，颜色变“陈”，茶汤暗浊，香气锐减，新茶不新，令人扫兴。茶叶为什么容易陈化变质呢？这还得从茶叶的特性说起。

明代罗廪撰写的《茶解》中，早就说得非常明白：“藏茶宜燥又宜凉，湿则味变而香失，热则味苦而色黄。”也就是说，温、湿度是茶叶变质的主要因素。

茶叶是干燥物质，具有很强的吸湿特征，极易吸收外界水分，如贮存不当，就会很快受潮，失去茶叶的新鲜感。因此，茶叶受潮，水分增加，茶叶品质就会受到影响。

现代生化分析表明，茶叶中既有亲水的化学物质，如茶多酚、

类酯物质、蛋白质、糖类等，又具有吸水的物理性状，如质地疏散、条索松空，这样就使茶叶具有很强的吸湿特性，而吸湿会使茶多酚、抗坏血酸、类酯物质等发生不同程度的氧化，氨基酸、叶绿素、香气等成分转化成别的物质，于是茶叶的滋味发生变化，香气减低，失去了新鲜感。

除了湿度之外，温度也是茶叶陈化变质的主要因素之一。温度过高，会加快茶叶的自动氧化。据试验，温度每提高 10℃，绿茶汤色和色泽的褐变速度可加快 3～5 倍；而冷藏，则可抑制氧化褐变。所以，茶叶陈化变质，说到底，是茶叶自动氧化的结果。在这一过程中茶叶中的某些化学物质在空气中氧气的参与下，有相当一部分本来可以溶解于茶汤的物质，变成了不溶或难溶物质，同时，也使一部分表现茶叶色泽的色素物质，以及给人以芬芳的芳香物质，遭到不同程度的破坏。如茶多酚自动氧化的结果，会使红茶的汤色变得暗淡浑浊，绿茶的汤色黄褐不清，叶绿素是形成绿茶色泽的主要物质，自动氧化的结果，青翠的色泽变成了枯黄色。

除了上面提到的湿度、温度和空气外，光线的强弱也与茶叶自动氧化有关。强光不但能加速茶叶的氧化，而且能使茶叶中的色素氧化变色，使绿茶由绿变黄，红茶由乌变灰，同时还会使茶叶中的某些物质起光化反应，增加茶叶中的成醛、戊烯醇等的含量。有的茶叶之所以会产生一种令人不快的“日晒味”，就是这个原因。

另外，茶叶中还含有高分子棕榈酸和萜烯类化合物。这类物质生性活泼，广交异味。即使把茶叶装入普通的茶叶罐内，存放在有异味的物品诸如香皂、樟脑、油漆、香烟等等中间，也会很快地吸收它们的气味，黏附于茶叶表面，从而产生异味。茶叶放在新制的木器家具内，会产生木质味。此类情况的发生，无一不是棕榈酸和萜烯类物质作祟的结果。

保管茶叶有“五忌”

要保管好茶叶，保持茶叶原来的天赋本色，不使茶叶陈化变质，存放时必须做到“五忌”：

忌茶叶含水较多

水分是促进茶叶成分发生化学反应的溶剂，水分越多，茶叶中有益成分扩散移动和相互作用就越显著，茶叶的陈化变质也就越迅速。那么，茶叶的含水量控制在多大范围最有利于存放呢?

研究结果证明：保存茶叶的最佳含水量为3%。当茶叶含水量在6%以上时，茶叶的变质相当明显。以绿茶为例，随着含水量的增加，与茶叶品质有关的水浸出物、茶多酚、叶绿素下降越明显。红茶也同样如此，含水量越高，茶黄素、茶红素、茶多酚、水浸出物下降也越多，与此同时，对红茶品质不利的茶褐素却随之而增多。因此，茶叶的防潮是十分重要的。要防止茶叶在贮放过程中变质，必须将茶叶干燥至含水量6%，最好控制在3%～5%。茶叶的含水量，一般可凭触觉大抵估量出来，如果抓取一撮茶叶，用手指轻轻一搓，立即成粉末状，表明茶叶含水量在6%以内，适宜保存；若用手指搓茶，只能使茶叶成片末状，表明茶叶含水量在10%以上，这种茶叶一般不宜选购，要么立即进行干燥处理，否则，不出十天，茶叶就会变色。

忌茶叶接触异味

由于茶叶含有棕榈酸和萜烯类化合物，使茶叶具有很强的吸附作用。它就像海绵吸水一样，能将各种异味吸附在自己的身上。如果将茶叶与有异味的物品如烟草、油脂、化妆品、腌鱼肉、樟脑等混放在一起，无需多时就会被污染，从而严重影响茶叶的品质。

忌茶叶置于高温环境中

温度的作用主要在于加快茶叶的自动氧化，温度愈高，变质愈快。茶叶一般适宜低温冷藏，这样可减缓茶叶中各种成分的氧化过程。

据试验，将茶叶贮存于零下5℃以下，茶叶的氧化变质非常缓慢；贮存在－20℃以下，可久藏而不变质，几乎能完全防止品质劣变。作为茶馆或家庭，一般以10℃左右贮存茶的效果较好，

如降低到0~5℃，则贮存效果就更好。

忌茶叶承受光照

茶叶的氧化快慢与茶叶本身的含水量高低、外界温度、光线和密封程度密切相关。光线除了促进茶叶色素氧化变色以外，还能使茶叶中的某些物质发生光化反应，产生一种令人不快的异味，即通常所说的“日晒味”。有的人为了驱除茶叶中的潮气，把茶叶摊放在太阳下晾晒。这种做法有损茶叶品质，特别是对于高级绿茶更为不妥，因为绿茶经阳光照射之后，温度逐渐升高，茶叶的内含物便会发生强烈的光化反应。其色素酯类和多酚类等化学成分发生变化，致使茶汤变红、滋味苦涩；不仅失去了绿茶原有的清香，还会产生一股令人讨厌的鱼腥气味，从而加速了茶叶的陈化，使品质变劣。

茶回潮后，切不可在日光下曝晒。一旦发现茶叶受潮回软时，应及时将保存不当的茶叶放在锅中烘干或焙笼烘干。火温掌握在40℃左右，最高不超过50℃，并不断用手翻动茶叶，炒至捏茶条成末即可。

忌茶叶久露

茶叶长时间暴露时，受到光和空气的作用，内含物质发生氧化分解、挥发和缩合等反应，使茶叶香气散失、品质变劣，甚至吸附各种异味。

由于任何空间都有一定的湿度，干燥的茶叶自然会吸湿返潮。试验表明，将含水量为5．7%的茶叶，暴露在空气中10天，在相对湿度为42%的环境中，存放的茶叶含水量将变为6．5%；在相对湿度为57%的环境中，存放的茶叶含水量就会达到8．4%；在相对湿度为90%的环境中，存放的茶叶含水量又会上升到16．8%。

还有人做过一个试验，在梅雨季节，把干燥的茶叶暴露在空气中，结果茶叶的含水量每小时增加1%左右。

茶叶的储存方法

根据茶叶的特性和造成茶叶陈化变质的几个因素，从理论上讲，茶叶的储藏保管以干燥（含水量最好是3%～4%）、冷藏（最好是0℃）、无氧（抽成真空或充氮）和避光保存最为理想。但由于各种客观条件的限制，以上这些条件往往不可能兼而有之。因此，在具体操作过程中，可抓住茶叶干燥这个主要因素，其他条件尽可能满足。茶馆茶叶的储藏不妨借鉴家庭的储藏方法。

铁罐储藏法

选用市场上供应的马口铁双盖彩色茶筒作盛器。储存前，检查罐身与罐盖是否密闭，不能漏气。储存时，将干燥的茶叶装罐，罐要装实装严。这种方法，取用方便，但不宜长期储存。

热水瓶储藏法

选用保暖性能良好的热水瓶作盛具。将干燥的茶叶装入瓶内，装实装足，尽量减少瓶内空气存留量，瓶口用软木塞盖紧，塞边涂白蜡封口，再裹以胶布。由于瓶内空气少，温度稳定，这种方

法保质效果也比较好，且简便易行。

陶瓷坛储藏法

选用干燥、无异味、密闭的陶瓷坛一个，用牛皮纸把茶叶包好，分置于坛内四周，中间嵌放石灰袋一只，上面再放茶叶包，装满坛后，用棉花包盖紧。石灰隔 1～2 个月更换一次。这种方法，利用生石灰的吸湿性能，使茶叶不受潮，效果较好，能在较长时间内保持茶叶品质，特别是龙井、旗枪、大方等一些名贵茶叶，采用此法尤为适宜。

食品袋储藏法

先用洁净无异味白纸包好茶叶，再包上一张牛皮纸；装入一只无孔隙的塑料食品袋内，轻轻挤压，将袋内空气挤出，随即用细软绳子扎紧袋口；再取一只塑料食品袋，反套在第一只袋外面，同样轻轻挤压，将袋内空气挤出，再用绳子扎紧袋口；最后把它放入干燥、无味、密闭的铁筒内。

低温储藏法

方法同“食品袋储藏法”，将扎紧袋口的茶叶放在冰箱内，温度控制在5℃以下，可储存一年以上。此法特别适宜储藏名茶及茉莉花茶，但需防止茶叶受潮。

木炭密封储藏法

利用木炭极能吸潮的特性来储藏茶叶。先将木炭烧燃，立即用火盆或铁锅覆盖，使其熄灭，待晾后用干净白布将木炭包裹起来，放于盛茶叶的瓦缸中间。缸内木炭要根据吸潮情况，及时更换。

上述六种储藏茶叶的方法虽然适用家庭，但其科学原理对于茶馆储藏茶叶是有参考价值的。

茶馆储藏茶叶，一般都有专门的储藏室，为了降低储藏室的湿度可采用如下两种方法：

一是干燥法。即在储藏室内的空处，放上盛有石灰或木炭的容器，每隔一段时间，检查石灰是否潮解，如石灰潮解，应立即换掉，这样就能保持储藏室内的干燥。

二是采用除湿机除湿。此法对储藏红茶更适宜。

茶叶储藏室平时少开门窗，如要换气，应选择晴天中午，开窗半小时，以利通气。

茶叶进入储藏室时，要检查是否夹杂霉变茶叶，入仓后也要勤查，发现霉变茶叶后要及时清除，同时要找到霉变原因，并排除不良因素。

除湿机除湿，只有在储藏室密闭的情况下，才能起到作用，因此，平时进出都要及时关闭门窗。

第二十三章
制茶工艺之道

各类茶的制茶之道

绿茶

制茶之道：鲜叶—杀青—揉捻—干燥—绿茶

杀青方式

（1）加热杀青

（2）蒸气杀青

干燥方式

（1）炒干（炒青）：

长炒青——长条形的炒青绿茶

扁炒青——外形扁平光滑

圆炒青——外形呈圆形颗粒状

特种炒青（细嫩炒青）

（2）烘干（烘青）：

普通烘青——通常用来熏制花茶细嫩烘青

（3）晒干（晒青）：

加工成紧压茶

红茶

制茶之道：鲜叶—萎凋—揉捻—发酵—干燥—红茶

发酵　发酵是制造红茶的关键，又称“渥红”，因叶片中含有生物催化剂“多酚氧化酶”，这种酶在高温下会失去活性，红茶不经过杀青，致使酶保持了高度的活性。另外茶叶中含有一类叫作“茶多酚”的无色物质，茶多酚在多酚氧化酶的催化下，很容易氧化，变成红色的化合物，这种化合物一部分溶于水，变成红色的汤，一部分不溶于水，累积在叶片中变成红色，红茶的红汤红叶即如此形成。

熏焙　茶叶薄摊于竹筛中，地上堆松树木材，以明火燃烧，使茶叶吸收大量松烟香味。

特点

（1）小种红茶：红汤红叶，有松烟香，似桂圆汤。

（2）功夫红茶：发酵至叶色变铜红才能烘干，掌握火温烘至甜香浓郁才是优质产品。1875 年后才有此制法。

（3）红碎茶：揉捻时用机器将叶片切碎，成颗粒形碎片。

红茶制法于绿茶之后，约 1650 年前后才有。

制茶之道：鲜叶—晒青—摇青—凉青—杀青—初揉—初烘—包揉—复烘—干燥—青茶（乌龙茶）

青茶属半发酵茶，是介于红茶与绿茶之间的茶类。1855 年前后才有此种制法。

白茶

制茶之道：鲜叶—晒干（或用文火烘干）—白茶

采摘细嫩茶叶，叶背多白茸毛，加工时不炒不揉，使白茸毛在茶表面完整地保存下来。

（1）银针：又称白毫银针。

（2）白牡丹：采摘一芽二叶，萎凋后直接烘干，叶背呈白色，叶面银色，形似牡丹而得名。

（3）贡眉：采摘一芽二三叶。

（4）寿眉：制造时先经抽针，抽摘出的茶芽做银针，其他叶片制贡眉，制造时使叶缘微卷曲，完整地保留叶背的白茸毛，叶片似老寿星的眉毛而得名。

黄茶

制茶之道：鲜叶—杀青—揉捻—闷堆—干燥—黄茶

黑茶

制茶之道：鲜叶—杀青—初揉—渥堆—复揉—干燥—黑茶

黑茶由于原料粗老，加之制造过程中一段堆积发酵时间较长，因而叶色多呈暗褐色，故称黑茶。

以上各种茶，因品质特征各有不同，加工方法也千变万化，一般有初加工与精加工之分。初加工的产品一般称为毛茶（或初制茶），毛茶加工后成为精制茶或成品茶。

将各种毛茶或精制茶，用香花窨制后得到的产品称为花茶。

毛茶经蒸气处理，在模中压成各种形状，称为紧压茶。

花茶

将毛茶与花一层层的堆放，经过几个小时，待茶叶吸收了花香之后，将茶叶与花分开，分别烘干之后，再将花朵加到茶叶中即是花茶。以茉莉花茶为例：50 千克茶叶，大约配 15～40 千克的茉莉花。

茶谱中记载，茉莉、玫瑰、蔷薇、蕙兰、莲、桔、栀子、木香、梅花皆可作窨茶之花。

制茶初识

制茶种类

制茶　亦称“茶叶加工”，是茶鲜叶经过各道制茶工序被加工成各种半成品茶或成品茶的过程。可分为初制、精制、再加工。初制对茶叶品质影响最大，是形成优良品质的基础。由于制茶工艺不同而形成了绿茶、黄茶、黑茶、白茶、乌龙茶、红茶六大茶类。各类茶叶品质的形成决定于杀青、闷黄、渥堆、萎凋、做青、发酵、揉捻和干燥各道工序的协调配合。由于茶多酚氧化程度不同，形成了不发酵茶、半发酵茶和全发酵茶三大类；由于杀青工艺不同，形成了蒸青绿茶和炒青绿茶两类；由于干燥方法不同，形成了炒青、烘青、晒青三类。

适制性　即茶树品种适合制造某类茶叶并能达到最佳品质的特性。表现在品种的物理特性和化学成分含量两方面。物理特性包括叶型、叶色、茸毛和持嫩性等；化学成分包括茶多酚、氨基酸和叶绿素含量等。黄绿色、茸毛多、茶多酚含量高、叶绿素含量较低的大叶种适制红茶。叶形长、深绿色、持嫩性好、茶多酚含量较低、氨基酸和叶绿素含量较高的中、小叶种适制绿茶。通常用酚氨比作为品种适制性的生化指标。酚氨比值较大者，一般适制红茶；酚氨比值较小者，一般适制绿茶。

鲜叶评级　即鲜叶进厂根据质量确定级别。大宗红、绿茶的鲜叶评级方法均以芽叶各组成分在鲜叶的总体中所占比例大小，再结合匀净度、新鲜度的感官质量因子来确定级别。中国各产茶区的分级标准，因品种、茶类、制法等不同而差异较大，一般制条形的鲜叶分为5个级，制碎形茶的鲜叶分为3个级。

芽叶机械组成　即同批采摘下树的鲜叶中不同嫩度芽叶组成的百分比。如一芽一叶、一芽二叶、一芽三叶、对夹二叶、对夹三叶、单片叶、老叶、黄片、枝梗各占百分比的相对值。不同茶类对芽叶机械组成要求不尽相同。名、优绿茶要求较高，一般以一芽一叶或一芽二叶初展为主；大宗红绿茶则要求以一芽二三叶为主。通常一芽二三叶占鲜叶原料的70%以上者为1～2级，50%以上者为3～4级；乌龙茶制造要求以形成驻芽后的对夹二三叶为主，俗称“开面茶”，一般应占80%以上；紧压茶对芽叶机械组成要求不高，有的甚至可用冬季修剪下的枝叶做加工紧压茶原料，如四川方包、金尖。

看茶做茶　这是中国传统的茶加工术语。即根据制茶原料的理化性质决定采用何种制茶工艺和技术条件，并因地因时制宜，根据不同的环境条件或原料现状决定相应的技术措施，以充分发掘原料的经济价值。

名优茶制法　名优茶制法精湛细致，各工序操作中有不同目的的制茶方法。名优茶是茶中的优质品，指在同类茶叶中品质上乘、有品牌、有一定产量的商品茶。名优茶大部分都是手工操作，工艺特点是：手不离茶、茶不离锅、抛闷结合、炒中带揉、锅中造型、连续操作、最后炒烘。在名优茶中绿茶约占80%以上，按其形状可分为九大类型，即扁形、针形、条形、卷曲形、圆形、芽形、尖形、片形、束形。制法分为杀青、揉捻（造型）、干燥三个阶段，各阶段采用的手法归纳起来有搭、抹、抖、捺、压、抓、荡、推、搓、滚、捞、拍、挺、磨等。不同茶叶采用的手法组合不同，从而形成不同品类名优茶特定的外形和内质。

茶叶物理化学特性

茶叶密度　即单位体积内的茶叶质量，以千克/米^3 为单位。相同情况下，密度的大小可以反映茶叶条索的紧结度和嫩度。按密度大小，依次为：红碎茶 367 千克/米^3，功夫红茶 340 千克/米^3，炒青绿茶 266 千克/米^3，龙井茶 253 千克/米^3，乌龙茶 215 千克/米^3。

茶叶解吸平衡含水率　即茶叶中的水分散失到一定量，与空气湿度达到平衡时的含水率。在茶叶质量条件不变时，与空气中

的蒸气压成正比，与温度成反比。此参数对控制茶叶干燥度等有重要意义。

茶叶吸湿平衡含水率　即茶叶从空气中吸收水分到一定量，与空气湿度达到平衡时的含水率。与空气中的蒸气压成正比，与温度成反比。不同茶叶之间吸湿平衡含水率的关系是：末茶 > 碎茶 > 片茶。其测定必须在环境条件保持相对稳定状态下进行。

茶叶临界含水率　即在茶叶加工干燥过程中，由等速干燥转入降速干燥的瞬间，即茶条内部水分向外扩散速率与叶表水分蒸发速率相等时茶叶的平均含水率。

茶叶平衡含水率　茶叶表面和空气中的水蒸气分压相等时的茶叶含水率。

茶叶吸附作用　茶叶吸附其他气体的性能。茶叶的吸附性有物理吸附（表面质点相互吸引）和化学吸附（茶叶中的化学成分与被吸气体分子相互结合）两种。前者在常温下可逆，后者则较稳定。吸附的强弱与茶叶的组织结构、内含成分和被吸气体的浓度、运动速度有关。一般是嫩茶的吸附能力大于老茶；绿茶优于乌龙茶、红茶、黑茶；烘青大于炒青；表面积大的茶大于表面积小的茶。利用茶叶的吸附性可以窨制各种花茶。但是，茶叶保管不好也会吸附其他异味影响茶叶品质。

茶叶吸湿性　茶叶吸收空气中水分的性质。如茶叶贮藏保管不好，吸湿后水分增加，则茶叶品质下降。茶叶水分含量愈低，个体表面积愈小，吸湿性愈强，贮藏保管的要求愈严格。

茶叶静电特性　茶叶接近静电场时表面上产生静电荷的现象。可用这一特性进行静电拣梗。

茶叶劣变因素　在加工或贮藏过程中，导致鲜叶或毛茶品质

劣变的各种自然因素。茶叶品质劣变是多酚类物质氧化、聚合、水解、转化等综合反应的结果。影响劣变的最主要因素是茶叶含水量。环境因素有温度、湿度、含氧量和光照。

干基含水率　茶叶中水分质量与干物质质量之比的百分率。如：前者为750克，后者为250克，则干基含水率＝（750/250）×100%，为300%。

湿基含水率　茶叶中水分质量占总质量的百分率。如：前者为750克，干物质质量为250克，则湿基含水率＝〔750/（750＋250）〕×100%，为75%。

鲜叶中组分的光分解作用　鲜叶在光的作用下，内含物质被光能激活而发生分解反应，并生成一系列新产物的过程。光能一方面使鲜叶温度升高，为热化学反应提供能源，加速鲜叶自体分解，如日光萎凋使鲜叶中的蛋白质、淀粉、果胶等大分子物质在酶的作用下降解成可溶性小分子物质，有利于提高红茶、乌龙茶品质；另一方面光能直接激活部分物质发生分解、合成和重排等光化学反应。多数光化学反应都是先进行光分解作用，产生自由基或原子，然后发生连串反应生成新的产物。鲜叶光分解作用能使茶叶内含物的种类增多，有效物质的含量增加，对提高茶叶品质有重要影响。

创伤变色反应　鲜叶受到机械损伤后，创面颜色变红的现象。在正常情况下，茶多酚等物质主要存在于鲜叶液泡中，而多酚氧化酶和过氧化物酶等存在于线粒体内，它们之间由细胞膜隔开，叶组织进行正常的代谢活动。但在鲜叶组织受到机械损伤后，受伤处细胞膜破裂，液泡中的多酚类物质与酶充分接触发生氧化聚合反应，生成红色氧化产物——茶黄素和茶红素。鲜叶受伤程度愈重，环境温度愈高，反应愈强烈，变色愈深。是鲜叶离体后到加工前人为产生的一种不正常生化过程，不仅消耗茶叶有效化学成分，而且大大加速鲜叶劣变，直接影响茶叶品质。在鲜叶采摘、运输和贮存过程中，应尽力避免机械损伤，控制叶温，保持鲜叶的新鲜度。

原生质凝聚变性作用　原生质受到高温、高压和紫外线作用，所发生的不可逆凝固反应。原生质是存在于细胞中的生命活性物质，是一种极复杂的亲水性胶体系统，主要成分是蛋白质、核酸及其他含氮物质，其次是脂肪、糖类等。活性的原生质同溶胶相似，有较大的黏滞性，含有大量水分，具有液体的性质，但不溶于水。在茶叶加工中，人们利用高温快速杀青，迅速破坏原生质活性，终止酶促作用，使鲜叶内含物在非酶促作用下形成该茶类特有的色香味品质特征。

茶叶初制

茶叶初制　亦称“鲜叶加工”。经过各道制茶工序将鲜叶加工成毛茶的过程。主要工序有杀青、萎凋、揉捻（揉切）、发酵、渥堆、闷黄、做青、干燥等。由于制茶工艺的不同组合，形成不同的茶类和茶制品。工艺流程组合：

杀青→揉捻→
- 干燥
  - 炒干（二青、三青、辉干）炒青
  - 烘干（毛火、足火）烘青
  - 晒干晒青
- 渥堆→复揉→干燥→黑茶
- 闷黄→干燥→黄茶

萎凋（生晒）→
- 揉捻（揉切）、发酵、干燥红茶
- 干燥白茶

做青、揉捻、发酵、干燥青茶（乌龙茶）

拣茶　中国传统制茶方法中对原料进行初步分级和清理之法。采摘中央带的不同嫩度芽叶或紫芽叶，芽叶苞片及茶梗等均为不符要求者，必须在拣茶过程中除去，否则会使茶叶外形欠匀，色泽乌暗，滋味苦涩，造成品质低下。

贮青　鲜叶在专用的室内进行贮存保鲜的方法。鲜叶从入厂到付制前须经贮青。将鲜叶置于阴凉无阳光直射、通风良好、室温在15℃以下的清洁地面暂时摊放，一般不超过12小时。摊放中保持鲜叶呼吸作用正常进行。为了防止水分蒸发，贮青室内应有加湿和通风装置以降低室内温度。大型贮青室鲜叶摊放厚度可达1米，时间可长达24小时，而鲜叶品质不致产生劣变。

杀青　绿茶、黑茶、黄茶等茶类茶叶初制的第一道工序。目的是利用高温破坏酶活性，防止多酚类物质的酶性氧化；除去青草气，并发生一定的热化学变化，为茶叶品质的形成奠定基础；蒸发部分水分，使叶质软化，便于塑造美观的外形。杀青分手工杀青和机械杀青，后者采用锅式、槽式、筒式杀青机或蒸汽杀青机等。影响杀青质量的因素主要是温度、时间、投叶量和机具。杀青的技术要点是：高温杀青，先高后低；投叶适度，嫩叶老杀、老叶嫩杀；抖闷结合，杀匀杀透，忌红梗红叶、生育叶和焦边焦叶。当叶质柔软，青气消失，香气显露时，即为杀青适度。

抖闷结合　杀青技术。“抖”即揭盖杀青，叶子入锅后进行扬炒，散发热蒸汽和青草气，减少叶绿素等成分的大量破坏，获得良好的叶色。“闷”即加盖杀青，尽快提高叶温，钝化酶活性抑制多酚类化合物的酶性氧化，达到杀透杀匀，防止产生红梗红叶的目的。杀青过程采用抖闷结合技术具有杀青叶质量好、省燃料、功效高、成本低等优点。操作时依茶树品种、茶叶老嫩等因素灵活掌握。原料嫩、含水量高，闷时短些；原料老，闷时长些。杀青全程闷的时间须控制在1～2分钟。

嫩叶老杀　杀青技术要领。老杀即杀青的时间长些、脱水程度重些、杀青叶含水量控制低些，利于保持叶色和制作叶形。嫩叶含水率高顿号酶活性强、纤维素含量低即要“老杀”。老叶含水率低，杀青的要领应与“老杀”相反，称为“老叶嫩杀”，以利于成条和减少碎末茶。杀青叶含水率的适宜幅度，嫩叶为58%

~60%，中档叶61%~62%，老叶63%~64%。

揉捻　在人力或机械力的作用下，使叶子卷成条并破坏叶组织的作业。是各类茶成形的重要工序，其作用是初步造形和使茶汁附于叶表，促进叶子内含物的化学变化。操作中掌握嫩叶轻揉、老叶重揉的原则。揉捻程度用“组织破损率”、“成条率”、“碎茶率”表示。

初揉　茶叶整形工序。是在萎凋、杀青后初步整形工序的统称，目的在于塑造美观匀整的外形，揉出茶汁粘于叶面利于冲泡时浸出，并有缩小体积、便于贮运之优点。初揉分机械揉捻和手工揉捻两种。大宗茶类的初揉均使用各种类型的茶叶揉捻机，名优茶的揉捻大都用手工或小型揉捻机。

复揉　重复揉捻，使茶叶进一步成形的初制过程。茶叶经揉捻后条索回松，必须复揉紧条，以轻压、短时、慢揉的方法，使茶条紧结，叶组织破损率提高，增进茶叶品质。

组织破损率　茶叶经揉捻后，全叶组织破损面积占全叶面积的百分比，是衡量揉捻程度的指标之一。通过机械等外力的作用，促使叶细胞组织破损，茶汁附于叶表面，增进茶叶色泽，提高茶汤浓度。影响组织破损率的因素有机器种类、原料老嫩和加工技术等。对组织破损率的要求依茶类而异，条形茶组织破损率较低，控制标准为45%~65%；红碎茶破损率高，控制标准为90%以上。

成条率　叶子形成条索的数量占加工总叶量的百分数。在茶叶初制过程中，揉捻工序是形成条索的关键。影响因素有机器种类、原料老嫩度及加工技术等。加工条形茶，要求高档叶成条率达85%以上，低档叶成条率达60%左右。

碎茶率　茶叶在加工过程中被揉碎、炒碎或烘碎量占加工茶叶总量的百分比。影响碎茶率的因素有机器种类、茶树品种、原料老嫩度、揉切工艺和精制技术等。如条形红茶初制过程的碎茶率约为5%，精制过程的碎茶率约为15%。

萎凋　红茶、乌龙茶、白茶初制工艺的第一道工序。鲜叶摊在一定的设备和环境条件下，使其水分蒸发、体积缩小、叶质变软，其酶活性增强，引起内含物发生变化，促进茶叶品质的形成。主要工艺因素有温度、湿度、通风量、时间等，关键是掌握好水分变化和化学变化的程度。包括物理萎凋和化学萎凋，两者在工艺上须协调进行。萎凋方法有日光萎凋、室内自然萎凋和人工控制萎凋（槽式萎凋，萎凋机萎凋）。萎凋程度以白茶为最重，其次是红茶，再次是乌龙茶。

日光萎凋　在户外有日光的自然条件下使叶子萎凋的方法。具有设备简单、萎凋快、成本低等优点。影响因素有日光强度、摊叶厚度、匀度和萎凋时间等。萎凋过程应掌握“弱光萎凋、摊叶均匀、嫩叶老萎、老叶嫩萎”的原则。摊叶量每平方米500克左右，萎凋时间3～4小时，含水率控制在嫩叶58%～60%，老叶62%～64%，防止焦边焦叶。

控制萎凋　在人工控制温度、湿度和通风条件的情况下进行的萎凋。一般都在萎凋室内操作，包括萎凋机萎调和萎凋槽萎凋两种。

室内自然萎凋　在萎凋室控制的自然条件下的萎凋。影响因素有原料老嫩度、匀净度、室内温湿度、摊叶厚度、摊叶匀度等。以“原料老嫩一致、摊叶均匀、嫩叶重萎、老叶轻萎”为原则。一般室内温度控制在24℃左右，相对湿度70%左右，萎凋时间18

～24 小时。含水率控制在嫩叶 58% ～60%，老叶 62% ～64%。

帘式萎凋　把鲜叶摊放在室内萎凋帘架上的萎凋。帘架分固定层叠式、人字形栓式、悬吊式、卷帘式多种。萎凋帘用竹、金属网、帆布等制成。要求每平方米摊叶 0. 5～0. 6 千克，在萎凋过程中，应经常检查萎凋叶的均匀度。萎凋时间因季节、萎凋叶老嫩和气候不同而异。萎凋适度时，含水率为 60% ～62%。

槽式萎凋　在长方形槽面上进行萎凋的方法。红茶生产上应用最广。摊叶厚度 20 厘米，由槽底通过槽面鲜叶的风量为 16000～20000 米^3/时。萎凋均匀度好，操作方便，工效高，成本低。

一般4～6小时可完成萎凋。阴雨天也可进行。

隧道式萎凋　鲜叶装入可移动的萎凋架上，推入有热风流动的隧道内进行萎凋的方法。1955年印度设计。隧道热空气温度不高于38℃，通过量150米^3/分（在第一隧道是顺向流动，第二隧道是反向流动），一条隧道可容纳2840千克鲜叶，在4小时内达到65%的萎凋程度，萎凋效率高。

连续萎凋　萎凋作业的连续化。鲜叶进厂后立即摊放在萎凋盘上，通过长度为5．5米的全封闭小室，从底部开始，由可变驱动装置将茶盘间隔提升，经170分钟后从顶部露出完成萎凋，生产能力610千克/时；另一种类似茶叶烘干机的萎凋机，鲜叶由输送带送入萎凋箱（总摊叶面积80米^2）内运转，箱内通入温度为

46～48℃、风量60000米^3/时的风。萎凋叶含水率60%左右，生产能力470～750千克/时；或者将鲜叶按每平方米25～30千克的摊叶量，铺于活动浅盘上，浅盘定时转动，叶子逐层下落到另一浅盘，干燥空气通过缓慢移动的浅盘，鲜叶经过四层浅盘萎凋后，成为均匀的萎凋叶。

物理萎凋　萎凋作业术语。鲜叶摊于特定的萎凋条件下，短时间萎凋后，叶中水分已降低到适宜的萎凋叶含水率，而化学变化尚未达品质要求的萎凋阶段。这样的萎凋叶制成的红茶品质低下。

化学萎凋　萎凋作业术语。鲜叶摊于特定的萎凋条件下，经过8个小时左右的萎凋，叶中水分逐步蒸发，化学成分产生一系列的变化，达到最佳萎凋程度的要求，形成红茶特有的色香味。

发酵　红茶、乌龙茶、黄茶、黑茶初制的主要工序。茶叶进行酶性氧化、形成有色物质的过程。例如红茶发酵从揉捻（揉切）后开始，此时叶组织损伤、细胞膜透性增大，茶多酚经酶促氧化形成茶黄素、茶红素和其他深色物质，为色、香、味物质的形成创造条件。发酵多在能控制温度、湿度的专用室内进行。影响因素有温度、湿度、通氧量、时间和叶的含水量等。

通气发酵红茶（主要是红碎茶）发酵方法。向发酵叶层中不断吹入潮湿空气，使酶促氧化反应在充足的氧气和水分条件下进行发酵。能生成较多的茶黄素和茶红素等有色产物，并产生特有的香味物质，是提高红茶发酵质量的有效手段之一。必须在特定的发酵装置中进行，通常有车式、箱式、槽式和连续发酵机等形式。关键技术是控制通气温度、湿度、风量、摊叶厚度、发酵时间等工艺参数。发酵适度的标志为：色泽由鲜绿经黄绿、绿黄到红黄，青草气味消失。

连续发酵　以机械化方式连续进行的发酵。决定红茶色、香、味品质的特有工序。机种主要有托克莱伊连续发酵机、连续发酵机组和茶叶发酵机组等。

干燥　让多余的水分汽化，破坏酶活性，抑制酶促氧化，促进茶叶内含物发生热化学反应，提高茶叶香气和滋味，形成外形的过程。干燥是茶叶初制中的最后一道工序，精制后也要进行干燥。干燥的温度、投叶量、时间、操作方法，是保证产品质量的技术指标。茶类不同，干燥方法也不同，一般炒青类茶都用炒干、烘青，红茶、部分名优茶都用烘干。

对流干燥　利用传热介质（空气）的对流作用进行的干燥。关键技术是控制温度、热空气流量、叶量、翻叶次数和干燥时间。

主要干燥机种有：百叶式烘干机、链板式烘干机和沸腾式烘干机等。

电磁干燥　利用电磁波电磁场的作用，使茶叶极性分子激烈共振，转变为热而使茶叶干燥的方法。加热均匀，干燥迅速，操作简便。

辐射干燥　利用辐射能使茶叶干燥的方法。如远红外干燥、高频干燥、微波干燥等，均据辐射原理而设计。加热均匀、干燥迅速、高效节能、操作简便，所烘茶叶质量好。操作要点是熟练掌握干燥温度、摊叶厚度、干燥时间等。

远红外干燥　利用远红外辐射能量进行干燥的方法。见“辐射干燥”。

高频干燥　茶叶在高频电场中吸收高频波而转换成热能以蒸发水分的干燥方法。电场强度大、频率高、茶叶介电常数大，则干燥效果好。具有升温快、易控制、干燥均匀、便于连续化等优点。

微波干燥　亦称“超高频干燥”。用微波热能使茶叶干燥的方法。干燥效果取决于电场强度、频率及介质本身的介电常数等因素。与高频干燥相比有快速、热效率高、控制灵活，利于自动控制、连续化、劳动强度低、杀菌卫生等优点。

一次烘干　一次性完成干燥作业，多用于红碎茶的干燥作业。目的是利用高温迅速制止多酚类物质的酶性氧化、蒸发水分、固定品质，达到红碎茶浓、强、鲜的品质要求。一次烘干具有快速、高效、产品品质好的优点。烘干时须掌握高温、快速薄摊的原则。含水率控制在15%～18%。

两次烘干　干燥技术措施。分毛火（一次）和足火（二次）

两个过程，用于条形茶和碎茶的干燥作业。目的是利用高温抑制酶性氧化、蒸发水分，达到固定品质和足干的要求。两次烘干的特点是毛火和足火之间有个适当摊晾过程，有利于叶、梗的水分重新分配，防止外干内湿，达到干燥均匀的目的。

毛火　亦称“初干”“初烘”。一般在揉捻叶、发酵叶、二青叶等在制品的第一次干燥。分手工烘焙和机械烘焙两种。作用在于初步干燥茶叶，缩小体积，破坏残余酶活性，促进内含物的热化学变化，发展茶叶香气和滋味。为了获得良好的制茶品质，须合理控制温度、叶量（摊叶厚度）、时间、翻叶次数（手烘）、转速、风量等工艺参数，并掌握“高温快烘”、“薄摊勤翻”的原则。经毛火后的茶叶含水率应在18%～25%，干湿均匀，无烟焦现象。

足火　亦称“复烘”。毛火叶的进一步干燥。用于各类茶初制的第二次（最后一次）干燥作业。分手工烘焙和机械烘焙两种。足火的作用在于使茶叶充分干燥、缩小体积，固定外形，促进内含物的热化学反应，提高茶叶香气。需掌握“低温厚摊慢烘”的原则，合理调控温度、叶量、时间、翻叶次数（手烘）、转速和风量等工艺参数。经足火后茶叶含水率应低于7%，无烟焦异味。

茶叶自然干燥　利用自然条件去掉茶叶中水分的方法。在制茶过程中，将鲜叶或半成品盛于竹制的容器中，经较长时间的水分蒸发，达到干燥目的。白茶和黑茶中的花卷茶常用此法。

降速失水　茶叶在干燥作业过程中，含水率低于15%时失水速率逐步下降的现象。其机理受在制品内部水分扩散速率的控制，内扩散的速率主要受叶温的影响。为保持内外失水平衡，防止内湿外焦的现象，在降速失水阶段供热量也应相应减少。

恒速失水　茶叶在干燥作业过程中茶叶含水率在15%以上时，茶叶水分呈直线下降，以均匀的速率蒸发水分的现象。恒速失水阶段供热要稳定。

挤压　茶叶在揉捻机、揉切机、炒干机内受到机械力的挤压和茶叶之间的挤压，形成一定形状并破坏叶组织挤出茶汁的过程。它有利于形成良好的内质。

卷曲　萎凋叶或杀青叶在揉捻机（揉切机）、炒干机内受机械力和茶叶之间的摩擦力的作用，而翻滚、挤压、搓揉、卷曲，逐步扭紧成条索或切碎成颗粒的过程。

红茶制法

红茶初制　包括萎凋、揉捻（揉切）、发酵、干燥四道工序。通过萎凋、揉捻工序，增强酶的活性，再经过发酵工序，以茶多酚酶性氧化为中心，完成一系列生化变化过程，形成红叶红汤的品质特征。多酚类化合物的氧化程度因种类而异，功夫红茶氧化程度重，茶多酚保留量为50%左右，红碎茶氧化程度轻，茶多酚保留量为55%～65%。

功夫红茶制法　红茶制法之一。鲜叶原料要求细嫩、匀净，如新鲜的一芽二三叶。分为萎凋、揉捻、发酵、干燥工序，其特点是适度萎凋、多次揉捻、分次筛分、适度发酵、充分干燥，成条率达90%以上。

小种红茶制法　鲜叶标准采半开面3～4叶。制茶工序为日光萎凋、揉捻、发酵、过红锅、复揉、毛火、摊放、拣剔、熏焙。前三个工序方法与工夫红茶相近。由于鲜叶较成熟，萎凋宜轻，揉捻较重，且重发酵。过红锅、熏焙是其工艺特点。

过红锅　小种红茶加工工序。高温快速将发酵叶适度炒热，利用锅炒时的高温，迅速破坏酶的活性，停止发酵，保留较多的多酚类化合物，为以后工序进行缓慢的非酶性氧化创造条件，形成小种红茶的品质特点。方法：在200℃的锅中，投入发酵叶1～1.5千克，迅速翻炒2～3分钟，叶子受热变软即可出锅。

熏焙　小种红茶加工工序。是形成小种红茶独特的松烟香和桂圆香品质风格的过程。干燥用熏焙，一次完成，干燥时用松柴燃熏，湿坯在干燥的同时吸收了松烟香味，熏焙时茶条不得翻动，以免茶条松散。工艺：将复揉叶2千克，薄摊于每个水筛上，叶厚5厘米左右，然后将水筛吊在架上，下面烧湿松柴，开始大火，熏焙约3小时后，用小火浓烟，再熏焙8～12小时，到茶叶足干。这时的茶叶具有浓的松烟味。

红碎茶传统制法　红碎茶生产中早期制定的一套加工方法。采用盘式揉切机多次切碎，分次提取合格的筛号茶。一般是先在平盘揉捻机上揉紧条索，而后在平盘揉切机上切碎。

红碎茶制法　亦称“分级红茶制法”，红茶制法之一。工序为萎凋、揉切、发酵、干燥。工艺特点是轻萎凋、快速充分揉切，通气低温发酵，薄摊快速干燥。采用室内自然萎凋或萎凋槽萎凋，萎凋程度随揉切方法不同而异。揉切方法随揉切机机型而不同，例如，用转子揉切机揉切的，因揉切挤压力稍强，萎凋程度宜稍轻，含水率约65%，经三切三筛，揉切时间短，碎茶率高，外形紧结，内质浓度较好；用CTC机（见“CTC制法”）揉切，挤压力小，萎凋宜轻，含水率在70%以上，揉切时间极短，叶温低，内质鲜、强度好。

揉切　红碎茶加工的主要工序。是塑型和奠定内质的关键。揉切的基本原理是萎凋叶（鲜叶）通过机械的揉紧、绞切、挤压、撕裂、锤击等方法，强烈快速地将叶片切碎成小颗粒状或片末状茶叶，通过6~7孔筛提取符合规格的揉切叶进行发酵，筛面茶再进行复切分筛。揉切要最大限度地塑造细小重实，组织破碎率高，茶多酚的酶性氧化好，成为色艳、香高、味浓的红碎茶。揉切的工艺有转子揉切机制法、CTC制法、洛托凡-CTC制法和LTP制法等。

转子揉切机制法　红碎茶制法之一。利用转子螺旋推进器达到挤压、紧揉、绞切茶叶的作用，使碎茶从尾盘中排出。其特点为切碎率高，颗粒紧结，时间短，揉切后的碎茶经三次切分，取出1、2、3号茶。

CTC制法　红碎茶制法之一。茶叶通过CTC机中转速为1:10的两只刻有花纹的双齿辊，快速破碎叶组织，并形成小颗粒碎茶。广泛应用于红碎茶厂。

洛托凡-CTC制法　红碎茶制法之一。用洛托凡机和CTC机联装生产红碎茶的工艺。萎凋叶进入洛托凡机，经绞切、挤压等各种力的综合作用被切碎，而后进入三台串联的CTC机，最后形成小颗粒状红碎茶。这种制法综合了洛托凡机和CTC机的优点。广泛应用于红碎茶厂。

LIP制法　红碎茶制法之一。萎凋叶（鲜叶）进入LTP机后受到高速旋转的锤片的锤击，几秒钟内即打成0.5~1.0毫米的细小粒子，经高压风力从机腔中喷射出来。该机无撕裂作用，在生产上要与CTC机配合使用。

BLC制法　红碎茶制法之一。萎凋叶由喂入区进入BLC机

（巴布拉转子揉切机），通过挤压使叶子卷曲破碎。在揉切工艺组合上也可与 CTC 机联装生产。

切烟丝机制法　用切烟丝机进行茶叶揉切工艺的制茶法。1925 年印度东北部的杜尔斯地区，首先用切烟丝机将茶叶鲜叶直接切碎，然后轻揉、短时发酵制成红碎茶，后经改进成为勒克切茶机。这种制法烘干成本高，茶叶品质不稳定。

撕裂　揉切破碎茶叶的方法。鲜叶（萎凋叶）经揉切机械的作用，在转速差为 1：10 的两辊之间受到旋转的剪切作用力，叶组织被撕裂切碎，成为体形细小的颗粒形红碎茶。

切细　揉切工序中破碎茶叶的方法。萎凋叶通过揉切机械的作用（卷紧、挤压、切碎）而形成颗粒细小、紧结重实的外形。

红碎茶碎茶率　在茶叶加工过程中形成的碎茶数量占总加工数量的百分数。红碎茶生产中碎茶按体形大小分为不同规格花色品种，一般 5 孔底 24 孔面的茶叶均称为碎茶。红碎茶切碎率要求达到 95% 以上。

热处理　亦称“红茶热处理”，红茶初制作业。方法是把红茶发酵阶段改为干燥后进行热处理，实质为继续干燥过程的非酶性氧化。要求控制干燥后茶叶含水率 6% ~8%，在室温 60℃ ~65℃的条件下，经 2 ~3 小时的干热处理，可得到含水率 4% ~6% 的热处理红茶，改善了红茶的滋味和香气。

茶尾　红碎茶初制中不能通过规定分筛筛网的粗大茶。精制切碎后可制成碎白毫（BP）茶。

绿茶制法

绿茶初制　初制工艺分杀青、揉捻和干燥三大工序。加工的关键是利用高温破坏酶的活性，抑制多酚类物质的酶性氧化，形成清汤绿叶的品质特征。绿茶初制过程多酚类物质保留量为85%左右。

条形茶制法　条形绿茶初制工艺分杀青、揉捻、干燥（烘干或炒干）三道工序。揉捻是条形茶成条的关键工序，炒青茶中的炒干工序能使条索进一步紧结。手工做茶通过推揉、滚揉、搓揉等手势使条索卷紧成条，炒干中的翻炒结合及搓条均能使条索直而紧结。影响成条因素主要是原料、机种（手势）、投叶量、揉捻和炒干的方法等。大宗绿茶高档原料成条率要求达85%以上，低档原料成条率达60%左右。

炒青制法　最后工序为炒干的绿茶制法。依成品形状又可分为三种。长炒青加工工艺为杀青、揉捻、二青、三青、辉干。成品条索紧结圆直，锋苗显露。圆炒青和扁炒青的加工工艺见“圆形茶制法”和“扁形茶制法”。

二青　炒青绿茶初制工序。在揉捻后进行的第二次加温作业，主要是除去揉捻叶的水分，便于炒制成形。方法有烘、炒、滚三种，分别称为烘二青、炒二青和滚二青。

三青　炒青绿茶初制工序。在二青后进行的第三次加温作业，主要是除去部分水分的同时进行炒制成形。一般有锅炒、滚炒两种。

烘青制法　最后工序为烘干的绿茶制法。初制分杀青、揉捻和干燥等工序。杀青技术与炒青绿茶相同，揉捻需适当加重压，以增加叶细胞破损率，增进茶汤滋味。干燥采用毛火和足火两次烘干，亦可采用烘→滚（炒）→烘三步干燥法，有利于茶条紧结美观，增进滋味浓度，提高精制率。

晒青制法　利用阳光进行干燥的绿茶制法。茶叶经过杀青、揉捻后在阳光下晒至足干。成品大部分作为紧压茶原料。

蒸青制法　利用高温蒸汽破坏叶中酶的活性，阻止茶多酚的酶性氧化的绿茶制法。主要工序有蒸汽杀青、去湿散热、粗揉、中揉、精揉、烘干等。明代中国已用炒青代替蒸青。此法自唐代传入日本后成为日本绿茶的主要加工方法。

煎茶制法　蒸青绿茶的加工方法。源起于唐、宋时代。传入日本后，日本蒸青普通绿茶统称煎茶。制法是：鲜叶经贮放后进入圆筒式蒸汽杀青机，用100℃的高温蒸汽破坏鲜叶酶活性，再进入冷却机快速冷却，散失水分后进入粗揉机。粗揉叶减重50%后进入揉捻机，初步成型后再进入中揉机进一步理条，再进行精揉，最后烘干、冷却、装袋。现在蒸青生产已将贮青、蒸青、粗揉、中揉、精揉、干燥六道工序联装，实现了机械化、连续化和自动化。

粗揉　机制蒸青绿茶（煎茶）初制工序。继蒸汽杀青、去湿散热工序之后，在具有特殊结构的粗揉机中揉捻，以除去茶叶水分，为形成深绿油光、条索紧圆挺直的茶叶品质奠定基础。粗揉叶质量要求：叶尖完整，干湿均匀，具有黏性，深绿有光，含水率63%～69%。

中揉　机制蒸青绿茶（煎茶）初制工序。粗揉之后，茶坯由输送带送至中揉机，在热和机械力的作用下，达到去除水分、解散团块、进一步揉捻整形和发展香气的效果。一般情况下，中揉叶温37～40℃，转速22～28转/分，时间20～25分钟。中揉叶质量要求：叶色青黑色，有光泽，嫩茎梗鲜绿色，茶条紧结匀整，手握茶叶成团，松手即弹散，含水率32%～34%。

精揉　机制蒸青绿茶（煎茶）初制工序。茶坯经过粗揉、中揉工序后，已初步干燥成形，此时再进入精揉机，在热和综合机械力的作用下进一步整形，使茶条伸直圆整，色泽纯一，去除部分水分，煎茶品质基本形成。精揉叶含水率为13%左右，茶条圆紧而伸直，有尖锋，断碎少，无茶块，色泽鲜绿或深绿带油光。

扁形茶制法　在锅中用手进行抖炒、理条、压扁的绿茶炒制工艺。鲜叶原料要求鲜、嫩、匀。炒制工艺分青锅和辉锅两大工序。多为手工炒制，炒制手势有抖、搭、抹、捺、压、甩、抓、

推、磨、扣十大手法。炒制时手不离茶，茶不离锅。

青锅　扁形茶初制的第一道工序，在贮青后进行。包括杀青和初步定形。

辉锅　扁形茶初制的最后一道工序，目的是除水分，充分干燥，蒸发香气滋味，使在制品色泽达到发绿油润的品质特征。在制品经过炒三青，含水率达到20%左右时进行。方法有用锅式炒干机炒和瓶式炒干机滚两种。锅式炒干的特点是茶叶条索紧细圆直、色泽油润，但炒制不当断碎较多；瓶式滚干的特点是芽叶完整锋苗好，断碎少，但紧结度较差。

圆形茶制法　使茶叶成品呈圆形的加工方法。大圆形茶系用黑茶原料压制成圆形。小圆形茶又称珠茶，初制工艺分杀青、揉捻、二青（滚二青）、炒小锅、炒对锅、炒大锅六道工序。炒小锅、炒对锅、炒大锅均在圆茶炒干机中完成，是珠茶成圆的关键工序。珠茶产区推广温高、火匀、时短、少盖的匀火炒茶法，成品质量好。珠茶全程炒制时间 6～7 小时，成品茶含水率 6%左右。

炒小锅　珠茶加工工序，珠茶成圆的最初阶段。用含水率 40%左右的二青叶 12～13 千克，投入到 120～160℃的珠茶炒干机锅中，炒 45 分钟，小锅叶的含水率达到 30%～35%时出锅。炒小锅要求温度高、投叶量少、时间短，促使较细嫩和细碎的叶子成圆。

炒对锅　珠茶加工工序，珠茶形成浑圆如珠的关键。把两锅小锅叶合并，投入 60℃的珠茶炒干机锅中连续炒 3 小时左右，锅叶的含水率达到 15%～20%时出锅。炒对锅要求匀火长炒，成圆率达到 80%～90%。

炒大锅　珠茶加工工序。其作用是固定已成圆的颗粒，使面张茶继续做圆，除去水分，增进茶香，最后定形。用两锅对锅叶合并，投入到 60～80℃（锅温由低到高）的珠茶炒干机锅中，连续炒 3 小时左右，毛茶含水率达到 6%左右时出锅。炒大锅要求锅面加盖，便于面张茶做圆颗粒紧结，形成外形圆紧、色泽绿润、身骨重实、形如圆珠、香高味浓的珠茶。

辦老锅　亦称“做老锅”、“做形烙干”，特种绿茶“涌溪火青”炒制成形的关键工序。茶坯在直径 46 厘米的柄锅内，用手工低温长时炒烙，使茶叶成形、足干，并达到提香的目的。操作方法：开始锅温 60℃左右，投叶 5～6 千克；炒 30 分钟至茶坯回软，锅温降至 50℃，炒 1 小时后并锅（三锅并成两锅），续炒 2 小时后再并锅一次。此时每锅叶量达 10 ~ 15 千克，锅温降到 40℃左右，经过 10 ~ 12 小时的慢速翻炒，直至茶坯足干（含水率 7%），颗粒成形，表面光滑，色泽绿润时出锅。为保证供热稳定，要求用木炭作燃料。炒制中用双手操作，茶叶在锅内受压、挤、推、滚、翻、转、炒等作用逐步成形足干。各种操作手法宜轻，防止茸毛脱落；烙炒次数宜少，开始每分钟 10 余次，随后减少到每分钟 5 ~ 6 次。技术要点：叶量多，温度低，动作轻，速度慢，时间长。

针形茶制法　用手工进行抖散、理直、搓条的绿茶炒制工艺。制造工艺除白毫银针不经炒揉，只经萎凋、烘干两工序外，大多数针形茶初制分杀青（蒸青）、揉捻、做形干燥三大工序。做形中的搓条是针形茶成形的关键，通过搓条将叶子搓成浑圆、挺直、光泽、紧如针的外形。影响搓条的因素有锅温、炒制手法和用力程度等。锅温应掌握先高后低（85℃→65℃），用力程度由轻到重，手法依茶叶含水量变化灵活变换，做到边搓条边理条。全程炒制历时约 30 ~ 40 分钟，成品含水率 5% ~ 6%。

赶条　信阳毛尖、车云山毛尖等的做形方法。其作用是进一步揉紧茶条，解散团块，散失水分。毛尖炒制分生锅、熟锅、烘焙三个阶段。生锅的主要目的是杀青，赶条在熟锅前期进行。在倾斜的铁锅中用竹丝帚将生锅叶趁热扫入熟锅滚揉。茶条稍紧细后，改变手势，减轻用力，增大转圈，使茶叶在锅中呈弧形来回转动。当茶条已紧细、均匀、无团块时，双手紧握竹丝帚梢轻触茶条，使其在锅中上下往复滚动，以至光润圆直，初步干燥。赶条结束，进入理条工序。

理条　条形绿茶做形工序。操作方法因茶类不同而略有区别，主要包括抓条和甩条两种手法，目的是塑形、失水、显毫和提香。抓条的手法是：手心向下，拇指稍张开，其余四指并拢，将茶叶从小指沿锅壁带入手中；甩条：将手中的茶叶离锅心 10～20 厘米高处用腕力由虎口甩出。甩条时，手中的茶叶不能一次甩尽，应保留 2/5 或 1/2，甩出的茶叶呈扇形沿锅壁滚动下滑，顺序落入锅底。抓条和甩条反复交替进行，直到茶叶八成干时即出锅。理条的关键技术是抓得匀，甩得开，摆得直。随着水分的散失，手势先“松、高、轻、慢”，然后“紧、低、重、快”。

卷曲形茶制法　在锅中用手工进行滚动热揉、搓团提毫的炒制工艺。炒制 500 克高级碧螺春茶需采 9 万个左右芽头。炒制工艺分杀青、揉捻、搓团提毫、烘干四道工序。炒制时手不离茶，茶不离锅，揉中带炒，炒中有揉，炒揉结合，连续操作，一气呵成。搓团显毫是形成卷曲形的关键工序。全程炒制时间约 40 分钟，成品茶含水率约为 7%。

塑形提毫　制茶工序，根据各种茶叶的特定要求，采取相应的工艺，改变芽叶的自然状态，炒制成精美的外形。整形工艺主要有：理条、压扁、搓条、搓团、提毫、紧条、成圆、拍捺等，采用其中一种或几种工艺的组合，塑造出预定的外形。整形提毫主要用于卷曲形茶（洞庭碧螺春、都匀毛尖等）的造形工艺，一般在 75℃左右的锅中，用手工进行整形 10～15 分钟，使茶条紧细卷曲，白毫显露。

搓团提毫　亦称“搓团显毫”、“搓形提毫”，洞庭碧螺春、都匀毛尖等卷曲形特种绿茶成形的关键工序。操作要点：锅温降至 50～60℃，将茶坯置于掌心，双手合拢，旋转揉搓 4～5 转成一条团，放回锅中，让其定形。搓团用力由轻到重，茶团由大到

小，待茶坯全部搓完后，抖散再搓。如此反复数次，使茶坯达七成干，改用双手捧茶，压搓茶条，边搓边炒，搓炒结合，直至白毫竖起，约8~9成干时出锅。技术要点：多次搓团，方向一致，用力均匀，提毫时用力宜轻。

片形茶制法　绿茶制法之一。主要品种为六安瓜片。其特点是外形平展成瓜子形单片，鲜叶采下后要进行“攀片”。有鲜叶处理、炒片、烘焙三道工序。叶片在高温锅中用炒帚旋转滚炒，烘焙分毛火、拉小火、拉老火，其中拉老火是明火烘焙，烘到叶片绿中起霜，趁热装罐密封。

攀片　亦称“扳片”，片形烘青绿茶六安瓜片的制作工序。用手将鲜叶的梗、叶、芽分离，老嫩叶分开。目的是使鲜叶原料整齐划一，便于炒制。扳下的叶片制瓜片，并制银针，嫩梗制“针把子”（副产品）。扳片后薄摊、及时炒制。

拉小火　亦称“小火”，片形烘青六安瓜片特有的干燥方法。将经过生锅、熟锅、毛火等工序的茶坯（含水率9% ~12%）放置1 ~2 天后，用特制的大烘笼（俗称抬篮）在炭火上短时多次烘焙。大烘笼直径1. 2 米，高0. 75 ~0. 8 米，笼下用砖砌圆盘，内装筑紧的木炭，拉小火时，每笼摊叶2. 5 ~3 千克，两人抬一笼茶在火堆上烘2 ~3 秒钟，再抬另一笼，2 ~3 只烘笼往复进行。每笼茶在火堆上烘40 ~50 次、每烘一次翻叶一次，至九成干下笼。冷透后装篓。放置1 ~2 天后再拉老火。其工艺特点是：火温高，时间短，次数多，翻叶勤。

拉老火　亦称“老火”、“拖老烘”。片形烘青六安瓜片最后一道干燥工序。其作用是使茶叶足干和提高香气。操作方法与“拉小火”基本相同，但火温更高，且力求均匀。其火堆较大，木炭排齐挤紧，明火但不见火苗，每笼摊茶3 ~4 千克，每个火堆配2 ~3 只烘笼，4 ~6 人轮流操作，每笼烘50 ~70 次，每次烘1 ~2 秒钟，每烘一次翻叶一次，烘至茶叶“上霜”，手捏成粉（含水率5% 以下）即可。工艺特点：投时多，火温高，动作快，翻烘勤，烘次多。

古劳茶制法　针形炒青绿茶的制法。因茶出自广东鹤山大劳而得名。

劳银针　茶采一芽一叶初展为原料。主要工艺分摊青、杀青、搓揉、烩炒、烘干等工序。普通古劳茶和低级古劳茶均系用一芽一、二叶或一芽二、三叶制成，主要工艺与炒青、烘青制法基本相同。

松萝茶制法　因茶出自安徽休宁松萝山而得名。采摘鲜叶后拣去枝梗老叶，只取嫩梢，又摘去尖（嫩芽）与柄（即梗），以防焦灼。炒茶（杀青）时，一人在旁扇之，使水汽迅速散发，出锅后，炒叶置大瓷盆中，用扇急扇，不扇色香味俱减。待热气散发后用手重揉，揉后复撒入锅中，用文火炒干，然后入焙。2～3小时后烘至足干，再加盖簸箕，焙至极干，下焙冷却收藏。

蚧茶制法　古时茶叶制法。蚧茶枝粗叶大，制茶工艺讲究，于立夏前后择晴天采摘，一芽一叶，细嫩如雀舌。采时茶篮用伞遮阴，以防鲜叶日晒红变。采后及时薄摊于净匾内，剔弃枯枝、病虫叶及杂物，称为净叶，待蒸。蒸茶以蒸熟为度，过熟茶味失鲜。蒸茶用水需常换新，久煮影响茶味。蒸后入焙，叶匀摊于焙帘，先置下层高温烘焙，待干后移至上层低温足干，以防焦灼。待足干后两帘并一，置最高层，留余火宿焙隔夜，至次日晨极干，即可收藏。

菊花形茶制法　把茶叶嫩梢紧扎成似菊花形茶的加工方法。利用肥壮的一芽二三叶经杀青、造型、烘干而成。具体是将杀青后的直条茶约40条为一朵，梗端理齐，用线扎紧，然后以梗端为中心将芽叶向四周均匀摊开，压平烘干。宜作为礼品茶。

乌龙茶制法

乌龙茶初制　初制工艺为萎凋、做青、揉捻、发酵、干燥等。工艺特点：闽北乌龙掌握重萎凋、轻摇青，发酵较重；闽南乌龙掌握轻萎凋、重摇青，发酵较轻；广东乌龙接近闽南乌龙；台湾乌龙发酵较重。由于萎凋、做青工艺不同，产地在具体掌握上有所不同，形成的品质也有差异。乌龙茶的制造要特别注意采用适制的茶树品种和特殊的采摘标准，才能发挥制茶工艺的效应，获得优质的产品。一般控制茶多酚含量为70%左右。

生晒　亦称“晒青”，日光萎凋形式，乌龙茶初制工序。清代陆廷灿《绿茶经》:“凡茶见日则味夺,惟武夷茶喜日晒。”“茶采后,以竹筐匀铺,架于风日中,名曰晒青,俟其青色渐收,然后再加炒焙。”按现代制茶理论解释,生晒即为鲜叶之失水萎凋过程。由于茶树品种特性差异,生晒时间与程度因品种理化性质不同而异,台湾包种生晒时间短,要求减重5%~6%即为适度,安溪铁观音则须减重7%~10%,武夷岩茶减重12%~15%。生晒一般是在竹制圆形水筛(直径90~110厘米)上将鲜叶薄摊置于户外专用棚架上,以叶片不重叠为宜。生晒中宜适当翻拌,使其失水均匀,但应防止机械损伤。

乌龙茶初制工序　系摇青与摊青的多次交替。在此过程中,叶内物质水解(如糖苷类物质水解生成香气成分)和缓慢的有控制的酶性氧化,有利于香气滋味的发展,形成乌龙茶三红七绿的色泽与高香浓醇的内质。做青以北风天为宜。应遵循“看青做青”的原则:节间长、梗叶粗大的品种(如水仙、梅占等),含水率较高,容易发酵,做青宜轻摇、薄摊多晾,以利水分蒸发,避免发酵过度;梗细叶薄,叶张小的品种,含水率较低,可厚摊短晾,防止失水过多;叶质肥厚,角质化强的,不易发酵的品种(如铁观音、乌龙等),则宜多摇重摇。做青还需依气候不同而灵活掌握:低温高湿气候,前期轻摇薄晾,后期重摇厚摊;而高温高湿天气,宜轻摇薄摊短晾,防止发酵过度;低温低湿气候宜厚摊短晾,以保水为主。做青最忌不足与过度。不足则乌龙茶香味带“青”;过度则乌龙茶香气低沉,汤色红暗,滋味淡薄,两者品质均差。闽南乌龙茶一般摇青四次,分别达到摇匀、摇活、摇红、摇香的目的。一般从当天下午5~6时开始至次日晨8~9时,做青历时长达16~18小时。闽北乌龙茶摇青一般6~8次,最多

可达12次，每次摇青转数（或时间）较闽南乌龙茶少，摊青时间较闽南乌龙茶短。摇青（含做手）与摊青遵循以下原则：摇青转数（或时间）逐次增加，摊青时间逐次增长，摊青摊叶厚度逐次增厚，发酵程度逐次加深。最后一次摇青后，将摇青叶厚堆（气温高和湿度大的天气除外），以提高叶温，促进发酵。

做手　乌龙茶制造术语。用两手相对手心向上五指分开轻轻捧起叶子抖动、翻动和碰撞，反复数次。做手促进叶与叶之间的摩擦损伤，加速做青的进程。

摇青　俗称“还阳”。将萎凋叶放在水筛或摇青机等设备中，使之转动，促使叶缘摩擦损伤，同时促进其内含物与水分由梗脉输至叶面与叶缘，使叶呈充盈紧张状态。方法有手工摇青、机械摇青和综合做青机摇青。手工摇青用水筛，在摇青中为弥补摇青的不足，常增加做手程序。

晾青　亦称“摊青”、“退青”。将摇青叶置于阴凉通风处摊开，促进水分蒸发、使叶呈萎软状态。

走水　还阳与退青过程的合称。

凉青　乌龙茶初制工序。经晒青或烘青后的萎凋叶，移到阴凉通风处静置使之降温的过程。可使茎梗中的水分向叶片中扩散。在气温低、湿度大的情况下，约需30～60分钟，反之则需10～30分钟。

死青　乌龙茶初制中，萎凋叶摊晾或摇青叶静置时天气闷热，叶梗茎中的水分不能向叶面扩散，叶片干硬无生机感。

包揉　乌龙茶造型工序。闽南乌龙茶在揉捻初步成形的基础上，继续塑造特有的卷曲、紧结的外形。以干燥与做形交替反复进行2～4次。分手工包揉（初包揉与复包揉）、踏包揉与包揉机包揉。手工初包揉是将揉捻叶烘至七八成干，趁热置烘叶0.5千克于73厘米的白坯布方巾内，提起方巾四角，振实拧紧，在包揉凳上，一手抓住布巾口，随茶团搓揉逐步收紧。另一手抓住布球茶团，在凳上搓、揉、挤、压、捏，不断翻转与收紧，历时2～3分钟。其间打开布巾1～2次，翻匀再揉，揉后扎结固定，待片刻后及时松开，筛去茶末复烘，烘后复包揉。方法同初包揉。最后一次包揉后，固定时间较长，称“定形”。定形后的茶球应立即解块干燥，以固定已形成的外形。踏包揉是用布袋装烘叶3～5千克，扎紧袋口，双脚在袋上踩压滚动，历时约10分钟，中间收紧口袋1~2次。踏包揉时间不宜过长，否则将因热闷而产生闷黄和水闷味，鲜爽度差。也可用包揉机包揉，方法因机型不同而略有差异。

吃火　亦称"炖火"、"吃火功"，乌龙茶初制干燥工序。其特点是低温、厚摊、长时间烘焙。手工操作用焙笼，将茶叶装满焙笼，先在70~80℃下敞开烘1小时，在焙笼上加半边盖，继以50~60℃烘温烘焙，称"半盖焙"，以提高烘温，减少香气损失，又可使残余水分蒸发。约1小时后烘至极干，开始发出茶香时，将焙笼全部盖密烘焙，称"全盖焙"。吃火全程约3小时。高级茶火温宜低，低级茶火温较高，以产生火功香。吃火可充分发展茶香，去除粗涩味，使茶叶耐泡，汤色加深，滋味浓醇。精制茶吃火用三台改造的烘干机连续作业，每台历时1小时，总历时3小时。

北风天　指天气晴朗，气候干燥，白天炎热，夜间凉爽的天气。是制作高香优质乌龙茶的最佳气候。在福建一般出现在春末和秋季。白天炎热干燥有利于做青过程中青叶水分蒸发与内含物的运输；夜间凉爽有利于青叶内含物的缓慢转化，尤其是芳香物质的生成与积累，从而形成乌龙茶浓郁的花果香气。同时有利于摇青叶损伤处多酚类化合物缓慢的有控制的酶性氧化，使茶汤有较好的鲜爽度。

包种茶制法　乌龙茶制法之一。半发酵茶类中属发酵程度较轻的一种。主要工艺为日光萎凋、室内萎凋、做青、炒青、揉捻、烘干等过程。因揉捻、干燥方法不同，产生条形包种茶和半球形包种茶两种。优质的包种茶在制造中特别注意适制品种（青心乌龙、台茶12、台茶13、铁观音、福建水仙等)、采摘标准（开面的一芽二叶）和制茶工艺之间的关系。产品要求外形为褐绿色，表面带有小白点，通常都用烘笼烘焙。

膨风茶制法　乌龙茶制法之一。选用经小绿叶蝉为害的一芽一叶新梢，经过日光萎凋、做青、炒青、静置、揉捻、解块、初干、再干等工艺，重视白毫的保护和发酵程度。制成后具有一种特殊的香味。

先期发酵　乌龙茶摇青过程中促使叶缘组织氧化变红的过程。利用摇青机械力，损伤叶缘细胞膜，促使多酚类等有效成分在酶促作用下缓慢而轻微的氧化、分解，形成绿叶红边、花香浓郁的品质特征。依茶树品种和加工方法、加工环境条件不同，全过程需要8~16小时，以干燥凉爽的气候和22~28℃室温为宜。在制品伴随先期发酵进程，色泽和香气发生明显而有规律的变化。叶色：鲜绿→淡绿→黄绿→绿叶金边→绿叶红边；香气：青草味→生苹果香→浓郁栀子花香→兰花香。

半发酵作用　多酚类化合物的部分酶促氧化作用，其强度介于红茶（全发酵）和绿茶（不发酵）之间。在乌龙茶做青工序中，萎凋叶叶缘细胞逐步轻度缓慢受损。多酚类化合物与氧化酶接触而发生一系列的酶性氧化、聚合、缩合反应，生成茶黄素和茶红素等产物。并产生大量的芳香物质，从而形成了乌龙茶的独特品质。

黑茶制法

黑茶初制　初制分为杀青、初揉、渥堆、复揉、干燥等工序。制成的黑毛茶为紧压茶的原料。

湿热作用　茶叶加工过程中利用湿度和温度使叶子产生物理化学变化的过程。在高温高湿条件下，茶叶中茶多酚、色素物质等发生氧化、聚合、降解、转化等变化，能促进茶叶色香味的形成。利用湿热作用的加工工艺主要有黑茶渥堆、黄茶闷黄。此外，在杀青、干燥工序中亦有湿热作用的影响。调控方法是控制茶坯温度、含水率、作用时间以及外界环境的温、湿度等因素。

后发酵作用　亦称“渥堆变色”。黑茶制造中，在水分、温度、氧气和微生物代谢活动的综合作用下，引起儿茶素氧化、缩合、多糖类水解等一系列复杂的化学变化，形成黑茶特有的色香味的过程。在这一过程中，叶温升高，含水率下降，过氧化氢酶活化能增加（鲜叶为100%，杀青叶为0，后发酵叶为24．8%～36%），多酚类物质被氧化减少，使黑茶粗老味和苦涩味降低，叶色由绿色变为黄褐色。影响后发酵作用的是水分、温度、氧气。后发酵作用的传统生产方法靠筑堆大小、厚薄松紧及门窗的启闭来调控保温。使用人工加温保湿设备，可使生产周期缩短到传统生产的1/3～1/4，堆内各处温、湿、氧相对均匀一致，品质得到很大的改善。当茶堆表面出现热气而凝结有水珠、叶色变褐、青

气消除、发出有刺鼻的酒糟味和酸辣味时，为后发酵适度。

渥堆　亦称“沤堆”。黑茶初制工序。利用微生物酶促作用和湿热作用下的热物理化学变化，使茶叶内含物发生复杂变化，塑造黑茶品质特征的技术。方法是将一定含水率的茶坯适当压紧堆积。如湖南黑茶渥堆，要求茶坯含水率为60%左右；湖北老青茶则以30%左右为宜。一般堆高40～100厘米，室温25℃以上，相对湿度85%左右。技术要素是控制适当的含水率、堆温、堆的大小、松紧和渥堆时间等。在原料粗老、含水率低、气温较低时，需堆大、压紧；反之，宜堆小较松。渥堆时间视叶色和香气的变化而定。如湖南黑茶叶色转为黄褐色，湖北老青茶和四川黑茶分别为红褐色、棕褐色时，均为适度。六堡茶成品蒸制过程中的渥堆时间需10余天，当叶色转为红褐色，发出醇香为适度。

黄茶制法

分为湿坯闷黄（以君山银针为代表）和干坯闷黄（见“霍山黄大茶”）两种。前者主要工序是杀青、摊放、初烘、摊放、初包（闷黄）、复烘、摊放、复包（闷黄）、干燥、熏烟分级。后者主要工序是杀青、揉捻、初烘、堆积（闷黄）、烘焙、熏烟。

闷黄　亦称“闷堆”，黄茶初制工序。以湿热作用使茶叶内成分发生一定的化学变化，从而形成黄茶品质特征的技术措施。分湿坯闷黄（杀青后或揉捻后堆积）和干坯闷黄（毛火后堆积）。堆的大小、茶坯温度、含水率和闷黄时间是影响闷黄质量的主要技术因素。湿坯闷黄的茶坯含水率为25%～30%，时间6～8小时；干坯闷黄，茶坯含水率在15%左右，需时3～7天。当叶色变黄，香气显露时为适度。

拍汗　黄茶闷黄的措施。茶坯紧装在竹制容器内盖紧半小时色变黄。

初包　黄茶初制中第一次闷黄措施。用纸将茶坯包紧，在湿热下促进其叶色变黄。

复包　黄茶初制中再次闷黄。

白茶制法

白茶初制　中国传统茶类制法之一。传统白茶制法只有萎凋、干燥两道工序。萎凋过程是形成白茶品质的关键，伴随着长时间的萎凋，鲜叶发生一系列的化学变化，形成遍被银毫、香气清鲜、滋味甘爽、汤色黄亮的品质特征。

茶叶精制

毛茶　鲜叶初制后的最终产品、如炒青毛茶、烘青毛茶、黑毛茶等。因鲜叶来源、采摘季节、采摘标准、初制设备及技术等的不同，毛茶具有形态各异、品级不齐、夹杂不净和干湿不匀的特点。因此，多数毛茶必须经过精制后才能形成成品茶。

精制　亦称“毛茶加工”，毛茶形成商品茶的过程。利用毛茶本身的特性和各种作用力，将毛茶中不同长短、粗细、大小、轻重的茶叶进行分离、解体。剔除茶籽、老梗及非茶类夹杂物后，加工成筛号茶（半成品）。然后，对照加工验收标准样或贸易样进行拼配，达到商品茶品质规格要求。精制过程分为定级归堆、

复火、拼配付制、筛分、紧门、筛切、风选、飘簸、拣剔、清风、补火、车色和拼配等工序。毛茶精制多采用“分路取料”的方法，即根据毛茶筛切次数、在制品形态特征等分为本身路、圆身路、长身路、轻身路、筋梗路等作业线进行加工。

定级归堆　毛茶进仓作业。确定加工等级，划清毛茶品质和类型。毛茶的定级以能加工出最高级成品的花色等级为定级依据。如炒青茶一、二、三级可加工最高级产品是特珍一级，就定为特珍一级毛茶。定级一般与毛茶验收等级相结合，归堆时依茶叶品质划分的外形、内质、地区、品种、季别、制法分别归堆，便于

毛茶拼合时进行品质调剂，有利于加工后产品质量的一致性。

复火　毛茶精制过程中的干燥作业。方法有烘、炒两种。通常红茶用烘，绿茶烘、炒兼有。目的是蒸发水分，提高茶叶色、香、味、形，便于精制工艺的筛分、风选，提高茶叶精制率。复火温度的高低依茶坯老嫩、大小、含水量多少、投叶量以及气候和对火功要求不同而异。一般粗老茶火温宜高，烘炒时间长，细嫩茶则相反；春夏茶火温可适当提高，秋茶适当降低，复火后茶坯的含水量通常在5% ~6% 。

第二十四章
茶具大观

茶具特色

在传统中国家庭中，茶具是必不可少的饰品。它的本色就像一幅白描，简洁而恬静，让人心境平和。一如品茶人的心情，饰家时拥有一套属于自己的完整茶具，尝试自己动手布置茶桌，在家中款待三五好友聚饮闲聊，声色形于茶具，而意寓于茶香。或浓或淡都是一份属于自己的置家心情。

装饰茶壶渲染创意

在大大小小的茶社陈列柜中，装饰茶壶占据了重要的席位，购买茶具饰品作为夏季饮茶文化的补充，正在成为一种流行趋势。

装饰茶壶在造型上往往比普通茶壶要大，由此装饰壶的创意被放大而表现得更加淋漓尽致。有些装饰壶造型上注重保持壶原有的形态，而突出细节的变化，有些则以拟形或写意的形状来求得新异。图案变化是装饰壶装饰效果的重要体现，从牡丹花卉到吉祥字符都散发着古雅气息。

装饰壶的装饰效果适合在有古意或民族特色的家装设计中，虽然它不像大的家具和家电那样重要，但是它给人们带来视觉的美感却是特别的、不容忽视的。在环境中它既别于一般的装饰品，可让人感觉到独特，又不至于特别招摇，给居室营造出一种温馨的文化氛围，体现主人儒雅温和的性情。

陶土茶具流露韵致

陶器中的佼佼者首推宜兴紫砂茶具，早在北宋初期就已崛起，成为别树一帜的优秀茶具。紫砂茶具具有造型简练大方、色调淳朴古雅的特点，外形有似竹结、莲藕、松段和仿商周古铜器形状的，明代大为流行。紫砂壶成陶火温在 1000～1200℃，质地致密，既不渗漏，又有肉眼看不见的气孔，能吸附茶汁，蕴蓄茶味，且传热缓慢不致烫手，即使冷热骤变，也不致破裂；用紫砂壶泡茶，香味醇和、保温性好、无熟汤味，一般认为用来泡台湾的乌龙茶、铁观音等半发酵茶最能展现茶味特色。

正宗的紫砂壶和一般的陶器不同，其里外都不敷釉，采用当地的紫泥、红泥、团山泥抟制焙烧而成。由于成陶火温高，烧结密致，胎质细腻，长时间使用，壶体的颜色会变得越来越自然，而在壶内泡着的茶会渗进壶体内，使壶蕴含茶味。

目前市场上销售的紫砂，主要来自福建、宜兴、台湾三地。福建紫砂其实使用的也是宜兴的砂，只不过是在福建加工而已。其中台湾紫砂壶砂质比较细腻，不同于其他两地产的紫砂，相比之下更适合泡乌龙茶。壶的价格在百元至千元不等。虽然宜兴紫砂享有盛名，但目前茶社销售的宜兴紫砂壶在价格上也能为工薪阶层所接受。选购时既要根据个人的爱好、身份、性格等特点来选择，还要考虑到与居室内部环境、房间结构与色彩等方面的协调。不同造型的紫砂茶具有不同的视觉效果，直接影响到欣赏者的情绪与心理。

瓷器茶具张扬风格

瓷器无吸水性，音清而韵长，瓷器以白为贵，约 1300℃左右烧成，能反映出茶汤色泽，传热、保温性适中，对茶不会发生化学反应，泡茶能获得较好的色香味，且造型美观精巧，适合用来冲泡轻发酵、重香气的茶，如文山包种茶。

现在最常见的瓷器茶具有白瓷茶具、青瓷茶具，还有台湾瓷茶具。瓷器茶具的花色比紫砂更具观赏性。它的图案或清新俊朗，或清淡悠扬。另外，目前由于陶瓷新工艺新技术与新材质的深度开发，瓷器茶具的品种也越来越丰富，一些新瓷器茶具中还加入卡通图案，来满足青年消费者的喜好。

白瓷以景德镇的瓷器最为著名，其他如湖南醴陵、河北唐山、安徽祁门的茶具也各具特色。早在元代景德镇的青花瓷就闻名于世，并远销国外。青瓷茶具始于晋代，青瓷主要产地在浙江，最流行的一种壶叫“鸡头流子”的有嘴茶壶。台湾瓷的茶具特点是图案比较新。

购买瓷器茶具时除考虑价格外，对瓷器本身也要仔细察看，器形是否周正，有无变形，釉色是否光洁、色度是否一致、有无砂钉、气泡眼、脱釉等。青花或彩绘则看其颜色是否不艳不晦，不浅不深，有光泽（浅则过火，深则火候不够，艳则颜色过厚，晦则颜色过薄）。最后要提起轻轻弹叩，再好的瓷器如有裂纹便会大打折扣。

漆器茶具逗人喜爱

漆器茶具始于清代，主要产于福建福州一带。福州生产的漆器茶具多姿多彩，有“宝砂闪光”、“金丝玛瑙”、“釉变金丝”、“仿古瓷”、“雕填”、“高雕”和“嵌白银”等品种，特别是创造了红如宝石的“赤金砂”和“暗花”等新工艺以后，更加鲜丽夺目，逗人喜爱。

玻璃茶具赏心悦目

玻璃茶具质地透明、传热快、不透气，以玻璃杯泡茶，茶叶在整个冲泡过程中的上下沉浮、叶片逐渐舒展的情形以及茶汤颜色，均可一览无遗。玻璃茶具的缺点是容易破碎、较烫手，但价廉物美。用玻璃茶具冲泡龙井、碧螺春等绿茶，杯中轻雾缥渺、茶芽朵朵、亭亭玉立，或旗枪交错、上下浮沉，赏心悦目，别有风趣。

其他质料茶具

塑料茶具往往带有异味，以热水泡茶对茶味有影响，纸杯亦然，除临时急用外，实不宜用来泡好茶。用保温杯泡高级绿茶，因长时间保温，香气低闷并有熟味，亦不适宜。

现将茶具中茶壶、茶船、茶杯、杯托、茶盅、盖置等分别介绍如下：

茶具的种类

茶壶

茶壶，通常分为四大类——陶壶、瓷壶、石壶及铁壶。茶壶包括以下几个部分：

壶口

为便于置茶入壶，以及泡完茶后的去渣，壶口不能太小，尤其遇到较为膨松的茶叶，置茶颇为不易。如果是壶盖式的壶式，堰圈部分不能在壶口内侧形成凸起的一圈，否则去渣、涮壶时，茶渣容易卡在上面，清壶的水也积在上面而不易从壶口倒干，这

种现象在注浆成形的壶中较为明显。

水孔

单孔壶容易使茶叶冲入“流”内而造成堵塞，尤其是壶流与壶身一体注浆成形，水孔成为喇叭状，堵塞的情形最为严重。网状水孔可以克服这项缺点，但没有蜂巢式水孔来得好，因为茶叶开后成柔软的片状，很容易贴在网孔上。网状或蜂巢式的水孔都要挖得细、挖得密，细者可以滤掉茶角，密者使水量足以供应壶嘴的外流。

陶瓷材料的水孔过滤效果总无法滤掉茶末，为使茶汤非常清澈，只有加上金属滤网，然而如何安装，如何易于清洗，是有待解决的问题。

壶嘴

对壶嘴的要求是出水顺畅，水柱不打滚、不分叉，流量要适中，太急太猛显得粗糙，太细太慢又叫人不耐烦，而且原本控制好的茶汤浓度，由于出水太慢又变得太浓了。

断水是壶嘴很重要的性能要求，也就是倒完茶，不会有余水沿“壶流”外壁滴到桌面。

壶把

在操作的方便性上，侧提壶与飞天壶壶把优于提梁壶，提梁壶的提梁高度必须特意加高，否则有碍置茶与去渣。

壶把要适手，而且容易将壶提起。侧提壶的壶把与茶壶重心垂直线所形成的角度要小于45°，否则不容易掌握壶的重心。一般所说的“壶把”、“壶口”、“壶嘴”要“三点平”（上端在同一平面上）并非绝对的，后两点平是基于水流的原理不得不如此，但“把”可以依造型的需要调整之，高一点反而好拿些。

壶肩

原则上壶“口”与“流”间的距离愈大愈好；壶“口”前端与“嘴”的“高度差”愈大愈好。这样倒茶时，如果倾斜得太快，茶汤才不容易从壶口流出来。

茶船

茶船又称茶池，形状有盘形、碗形，茶壶置于其中，保养茶壶，盛热水时，可供暖壶烫杯之用。

功用

使用高缘碗状的茶船，壶放船内，泡完茶后在壶外淋半船水，谓如此可以保持茶壶的湿度，而且将杯子侧放在壶与船间旋转烫杯。经实验，将壶泡在热水里并没有保温的效用，反而比放在空气中冷却得快。船内烫杯除了卫生问题外，还有茶具磨损与声音的缺点，一般已改为船外烫杯。所以茶船的功能应是：陈放茶壶的垫底用具，除增加美观外，也防茶壶烫伤桌面、冲水溅到桌上。有时还利用它在喝完茶后，盛放泡过的茶叶供客人欣赏叶底，去完渣涮壶时将壶内的水翻倒于茶船，再持茶船将残水残渣倒入水盂或茶车的排水孔内。

外形

茶船成高缘“碗状”或低缘“盘状”皆可，只要考虑与茶壶是否相配。为配合涮壶时将茶水翻倒于船内，容水量不得少于两壶，因为一次涮不干净，还可以再来一次，船缘高度也要足以防溅。

倒水机能

茶船里涮壶、涮杯的水要倒掉，所以船缘的设计应考虑到倒水的方便性。

养壶机能

为配合“养壶”需求，有人将船作双层的设计，船面打洞，用茶汤浇淋壶身时，茶汤流入夹层内，这样茶壶不会一截泡在水中，养出来的壶颜色才会均匀。这时应特别设计“倒水孔”，也要加高船缘，否则涮壶就不能在船上为之。

看叶底机能

泡完茶，取出一些泡开的茶叶，放在茶船上，或淋一瓢清水，让茶叶漂浮其间，端出茶船请客人欣赏伸展后的茶叶，这是中国茶品茗过程中颇为特殊的一项。为此，茶船就要制作得精巧而美观。

茶杯

茶杯样式各异，品茶之人可据各自不同的品性和喜好来选择适合自己的茶杯。

杯口

外翻形的杯口比直桶形的杯口容易拿取，而且不烫手。

杯身

盏形杯容易将茶喝完，碗形杯必须抬头才能将茶喝光，鼓形杯必须仰起头来才能将茶喝光。盏形杯由于茶汤的深度由四周逐渐向中心增加，茶汤的颜色产生节奏性的变化。

为了“鉴赏”茶汤的颜色，如果能与国际评茶标准杯相配合，小型杯茶汤有效容量的深度，尽量保持在2～5厘米，这样在茶汤的比较上比较方便。

杯色

杯子内侧如果是白色或浅色，就能看出茶汤的颜色。就公平与客观而言，纯白色最能呈现茶汤的颜色；就加强茶汤视觉效果而言，那就要因茶的种类而定，如炒青绿茶，青瓷有助于“黄中带绿”的效果，如蒸青绿茶的茶粉，天日釉色让它看来可口些（纯白色的杯子使它看来如一碗绿色的广告颜料），如重发酵的白毫乌龙，牙白色的杯子让“橘红色”的茶汤显得更娇柔可口。

大小

小壶茶的杯子都在30~50毫升之间（指容积，适当容茶量要少些），小于20毫升则太小，大于60毫升则太大。这种小壶茶一般一次都会泡上三五道，而且浓度偏高些，所以一次茶会的喝茶量也够了。属于大茶壶的杯子，一般在150毫升左右，这种茶一般泡得比较淡，一次也只喝上二道左右。

杯数

一般情况下，六杯是颇为适当的数量，一般客人数都在六人以下，万一打破一个，也还有五个杯子可用。有些地方习惯一壶配五杯。

壶的大小就因杯子的大小与数量而定，经常以二杯壶、四杯壶、六杯壶称之。壶的大小要比杯子的“适当容积”大一些，因为茶叶会占去部分空间，冲泡的数次愈多，所占去的空间愈大。小壶茶的用茶量都在半壶左右，数泡后，茶叶会占掉30%的空间；大壶茶的茶量用得少，茶叶占去的空间考虑20%就够了。但必须增加的茶壶容积不必那么多，小壶20%、大壶10%就可以，因为泡到后来，茶汤如果不够，每杯可以少倒一点，这也合乎喝茶的生理需求，而且免得第一泡、第二泡汤量太多。

杯托

杯托，仅供托茶杯之用，其质地多种，造型不一，但求大方美观。

高度

杯托可设计成盘式、碗式、船式或高台式，其高度应方便从桌面上端取。除高台式以外，其他形式的杯托，托缘距离桌面应有1．5厘米以上为好。

稳度

杯子放在托上，客人持托取杯时，杯子要能安稳地固着在杯托上，如果是光滑的托面，取杯的动作快些时，杯子容易在托上打滑，甚至翻倒。为避免这种现象，杯托中间有个凹槽或圈足，甚至设计成杯状体，套住杯底（茶盏经常使用这种杯托）。

粘着

杯托的制作应预防杯子粘住杯托，取杯喝茶时，杯托随杯子粘了起来，稍一晃动就掉了下去，不是发生较大声响就是摔破了杯托。这可能是杯底有水滴，造成黏着的现象，也可能杯子的热度造成了杯底与杯托间减压的关系。减少两者间的密合度可以克服这项问题。

茶盅

茶盅又称茶海，形似无柄的敞口茶壶。泡好的茶先倒入茶盅，再由茶盅倒入各个茶杯，这样可以沉淀茶渣，茶末，并使茶汤浓度均匀。

形制

茶盅与茶壶配对成组，相辅相成，设计上应一主一副，若太一致，不易协调。

容量

茶盅的容量应该能让茶壶一次将茶倒光，否则失掉茶盅的功能，比壶少掉一成的容积是可以的，因为壶内还放茶，但与壶一样大较为保险。有人将茶盅设计得比壶大，甚至于大到可容两壶量，这样当人多时，可以泡两道供应一次茶；如果茶盅只是一壶半的容量，在壶大人少时，第一泡茶汤供应不完，可加上第二泡后再供应二次，也就是泡二壶茶供应三次。所以说，茶盅有调节供茶量的功能。

滤渣

如果茶壶的滤渣功能不是很好，这时茶盅要补充这项功能，可以在盅中加上一个高密度的滤网，将茶汤滤得干干净净。

断水

断水是对茶盅最重要的要求，因为它的任务就是分倒茶汤入杯，一杯一杯地倒茶，如果不能断水，会把茶汤滴得到处都是。为求壶嘴断水，在造型上难免受到某些程度的约束，茶壶若因形态之需，无法具备断水功能，只要搭配有断水机能的茶盅，也可圆满完成任务，因为泡好茶，持壶一次将茶全部倒入盅内，不会有滴水之虞。

盖置

盖置的形式多样，其主要作用是保持泡茶过程的卫生。

形制

盖置可能用来放置壶盖、盅盖、或是水壶盖，目的是预防这些盖子的水滴滴到桌面，显得不卫生，所以多采取“托垫式”的盖置，且盘面应大于上述这些盖子，并有汇集水滴的凹槽。若遇到水方（存放泡茶用水的容器）这种大口径的盖子，或是使用“釜”作为煮水器时，这种大面积的盖子，就要以“支撑式”的盖置，斜靠在水方或炉子的旁边。如果无法这么做，只好平放在盖置上，这时“水方的盖子不会有水滴的问题”，而“釜盖”就要制成往中间集水的形制，使盖底水滴汇集到中心点后滴落到盖置的储水槽内。

高度

太高、太凸显的盖置会使茶具景观变得复杂，托垫式的盖置高度与杯相同即可，支撑式的盖置可以略高一些。

壶具与泡茶

泡茶时，壶具的质量是否上釉、色调及壶形对泡茶效果有较大的影响，有着密不可分的关系。

壶质与泡茶的关系

壶质影响泡茶的效果，这里所指的壶质主要是指密度而言，密度高的壶，泡起茶来，香味比较清扬，密度低的壶，泡起茶来，香味比较低沉。如果所泡的茶，希望让它表现得比较清扬，或者说，这种茶的风格是属于比较清扬的，如绿茶、清茶、香片、白毫乌龙、红茶，那就用密度较高的壶来泡，如瓷壶。如果所泡的茶，希望让它表现得比较低沉，或者说，这种茶的风格是属于比较低沉的，如铁观音、水仙、佛手、普洱（后发酵茶类），那就用密度较低的壶来泡，如陶壶。这与我们烹饪所使用的锅具原理相当，炒青菜，我们希望炒出来的青菜又脆又绿，所以我们用铁锅猛火快炒。如果煮鱼头，我们喜欢用砂锅或炖锅，文火慢煮。如果我们用铁锅煮鱼头，当然还是可以吃，但是鱼汤一定没那么稠、那么滑；如果用砂锅炒青菜呢？那一定很糟糕。

密度与陶瓷茶具的烧结程度有关，我们经常以敲出的声音与吸水性来表达，敲出的声音清脆，吸水性低，就表示烧结程度高，否则烧结程度就低。这与壶具的保温程度又息息相关，我们习惯性希望茶壶保温效果要好，但事实上是不一定的，若需要保温，茶壶就要做得厚厚的，质地烧得松松的，结果很难卖得出去。再说，泡茶是在适当的浓度就要把茶汤倒出来，哪会在壶内保温？讲究的泡茶法甚至于还使用定时器，浸泡的时间以秒计。

金属器里的银壶是特别好的泡茶用具，密度、传热比瓷壶还好。“清茶”最重清扬的特性，而且香气的表现决定品质的优劣，用银壶冲泡最能表现这方面的风格。

上不上釉与泡茶的关系

上釉就像在陶瓷器上穿了一件衣服，上釉的让人欣赏釉色之美，不上釉的让人欣赏泥土本身的美。宜兴紫砂陶艺是后者的代表，它将泥土的美、泥土的情表现得最为深刻。

谈到茶与壶质的关系，壶内不上釉的，“得”“失”就要从两方面来说：一是我们使用同一把壶在同一类茶上，用久了，“茶”、“壶”间会有相互作用，使用过的茶壶比新壶泡出来的茶汤，味道要饱和些。但壶的吸水性不能太大，否则吸了满肚子的茶汤，用后陈放，容易有霉味。从另一方面来说，如果使用内侧不上釉的茶壶冲泡不同风味的茶，则会有相互干扰的缺点，尤其是使用久了的老壶或是吸水性大的壶。如果只能有一把壶，而要冲泡各种茶类，最好使用内侧上釉的壶，每次使用后彻底洗干净，可以避免留下味道干扰下一种茶。所以评茶师用以鉴定各种茶叶的标准杯，都采用内外上釉的瓷器。

质地、色调与泡茶的关系

如果将茶器的质地分为瓷、火石、陶三大类，瓷质茶器的感觉是细致的，与不发酵的绿茶、重发酵的白毫乌龙、全发酵红茶的感觉颇为一致。火石质茶器的感觉较为坚实阳刚，与不发酵的黄茶、微发酵的白茶、半发酵的铁观音、水仙的感觉颇为一致。

陶质茶器的感觉较为粗犷低沉，与焙重火的半发酵茶、陈年普洱茶的感觉颇为一致。

茶器的颜色包括材料本身的颜色与装饰其上的釉色或颜料。白瓷土显得亮洁精致，用以搭配绿茶、白毫乌龙与红茶颇为适合，为保持其洁白，常上层透明釉。黄泥制成的茶器显得甘怡，可配以黄茶或白茶。朱泥或灰褐系列的火石器土制成的茶器显得高香、厚实，可配以铁观音等轻、中焙火的茶类。

紫砂或较深沉陶土制成的茶器显得朴实、自然，配以稍重焙火的铁观音、水仙相当搭调。若在茶器外表施以釉彩，釉色的变化又左右了茶器的感觉，如淡绿色系列的青瓷，用以冲泡绿茶、清茶，感觉上颇为协调。有种乳白色的釉彩如“凝脂”，很适合冲泡白茶与黄茶。青花、彩绘的茶器可以表现白毫乌龙、红茶或熏茶、调味的茶类。铁红、紫金、钧窑之类的釉色则用以搭配铁观音、水仙之属的茶叶。茶叶末、天目、与咸菜色系的釉色，可用来表现黑茶。

壶形与泡茶的关系

就视觉效果而言，茶具的外形有如上面所谈的色调，应与茶叶相搭配，如用一把紫砂松干壶泡龙井，就没有青瓷番瓜来得协调，然而紫砂松干壶泡铁观音就显得非常够味。

但就泡茶的功能而言，壶形仅显现在散热、方便与观赏三方面。壶口宽敞的、盖碗形制的，散热效果较佳，所以用以冲泡需要70～80℃水温的茶叶最为适宜。

因此盖碗经常用以冲泡绿茶、香片与白毫乌龙。壶口宽大的壶与盖碗在置茶、去渣方面也显得异常方便，很多人习惯将盖碗作为冲泡器使用就是这个道理。盖碗或是壶口大到几乎像盖碗形制的壶，冲泡茶叶后，打开盖子可以很容易观赏到茶叶舒展的情形与茶汤的色泽、浓度，对茶叶的欣赏、茶汤的控制颇有助益。尤其是龙井、碧螺春、白毫银针、白毫乌龙等注重外形的茶叶，这种形制的冲泡器，若再配以适当的色调，是很好的表现方法。

独领风骚的紫砂壶

紫砂壶是所有的壶具中最受人们欢迎的一种，它以其精美的制造工艺、优良的宜茶性以及雅俗共赏的传统风格而倍受世人的青睐。

紫砂壶的优点

中华民族喜爱茶，所谓“开门七件事：柴、米、油、盐、酱、醋、茶”，茶之深入百姓生活由此可见一斑。近数十年来，泡茶之风在我国十分盛行，所用茶具的材质也琳琅满目，甚为可观，诸如陶壶、瓷壶、铁壶、锡壶、铝壶、石壶、玉壶等等，其中又以“主流派”的宜兴紫砂茶壶最受世人的欢迎。

古今称颂的宜茶性

宜兴紫砂壶的“宜茶性”是自古就受到肯定的。特别是到了明代中期以后，文人雅士用紫砂壶饮茶更蔚为风尚。明朝李渔曾曰：“茗注（泡茶之器）莫妙于砂，壶之精者，又莫过于阳羡（宜兴古称）”，又曰：“壶必言宜兴陶，较茶（评茶）必用宜壶”。

到了清初周高起所著的《阳羡茗壶系》更明确地指出：“近百年中，壶黜银锡及闽豫瓷，而尚宜兴陶。”可见早在明代，世人便已公认宜兴紫砂陶壶是最理想的茶具了。

现在，人们泡茶使用的茶具仍以陶壶为最普遍，瓷壶、石壶为次。常见的陶壶又包括了紫砂壶（紫砂、朱泥、段泥、绿泥……）、手拉坯壶（如汕头壶）及灌浆壶等等，不一而足。在这么多种材质中，或许有超过七成以上的饮茶人皆会认同：紫砂壶的宜茶性应为众家之冠，而历来不少科学试验亦支持此说法。然而茶事毕竟不是冰冷理性的科学实验，它还牵涉到许多复杂的心理因素与感情投射。所以时至今日，我们只能说紫砂壶的确具有优良的宜茶性，至于它是否为“第一名”，或许也就不那么重要了。

独领风骚　由来有之

真正令爱茶人士感兴趣的是：紫砂壶到底具备什么样的魅力，能够自明迄今，不论朝代更迭或是社会变异，它都能在这个嗜茶的民族中，独领风骚？

关于这个问题，我们不妨试着从实用层面与艺术层面来加以解释一番，一般说来，紫砂壶的实用功能大致具有下列几项优点：

“宜兴茗壶，以粗砂制之，正取砂无土气耳”又“茶壶以砂者为上，盖既不夺香又无熟汤气，故用以泡茶不失原味，色、香、味皆蕴”，上述为古人总结的心得，换言之，以紫砂壶来泡茶，只要充分掌握茶性与水温，即可泡出“聚香含淑”、“香不涣散”的好茶，比起其他材质茶壶，其茶味愈发醇郁芳香。

紫砂壶“注茶越宿，暑月不馊”，茶汁不易霉馊变质，且不易起腻苔，所以清洗容易，不费周章。值得一提的是，此处所指的“暑月不馊”，即夏日隔夜亦不馊，但若将“暑月”强解为

"数月"则显然夸大不实。

虽然就茶道而言，理应"旋沦旋啜"、"宜倾竭即涤去停渣"，即随泡随饮，事毕即清除茶渣，但现代人生活繁忙，将茶渣留于壶中数日亦是常事。对此，清人吴骞记载了他的洗壶妙方："壶宿杂气，满贮沸汤，倾，即没冷水中，亦急出，冷水泻之，元气复矣。"读者不妨一试。

紫砂陶是一种介于陶和瓷之间，属于半烧结的精细具器，具有特殊的双气孔结构，透气性极佳且不渗漏。由于这种特性，所以它能吸收茶汁，壶经久用，自然能于内壁累积出"茶锈（茶山）"，此时即使不置茶叶，单以沸水冲入也能泡出淡淡的茶香来（也由此可知"一壶不事二茶"的原因）。

紫砂茶具使用越久，壶身光泽越加光润，而且据《阳羡茗壶系》载："壶经久用，涤拭日加，自发暗然之光，入手可鉴"，此即指常用干布磨拭，更显气韵温润，这也正是国人热衷的"养壶"。

紫砂器具有耐热性能，冷热急变性佳，寒天腊月即使注入沸水，也不易因温度突变而胀裂。

紫砂砂质传热缓慢，执用时较不易烫手，且耐烹烧，可放在温火上炖煮，所以用紫砂制成的砂锅也受到人们的欢迎。此外，紫砂因传热慢，所以保温亦较持久，此点对于喜喝半发酵茶的人而言，更是一项难得的特点。

紫砂土具有良好的可塑性及延展性，配合以特殊且精湛的制壶技艺，所以成品口盖严密，缝隙极少，减少了霉菌的进入，相对延长了茶汤变质的时间，有益人体健康。

可赏可用　文采斑斓

以上所提到的几点，都是其他陶瓷或金属茶具所无法具备的。另外，在艺术层次上，紫砂茶具也具有不少优点：

紫砂泥色多彩，且多不上釉，透过历代艺人的巧手妙思，便能变幻出种种缤纷斑斓的色泽、纹饰来，使它更具有艺术性。

紫砂泥的可塑性强，虽不利于灌浆成型，但其成型技法变化万千，不像手拉坯等轮转成型法，只限于同心圆范围，所以紫砂器在造型上的品种之多，堪称举世第一。

紫砂茶具通过“茶”与文人雅士结缘，并进而吸引到许多画家、诗人在壶身题诗、作画，寓情写意，此举使得紫砂器的艺术性与人文性，得到进一步提升。

随着实用价值与艺术价值的兼备，自然也提高了紫砂壶的经济价值，使得陶手能更致力于创新。由于上述的心理、物理、艺术、文化、经济等因素，宜兴紫砂茶具数百年来都受到人们的喜爱与重视。

紫砂欣赏

紫砂壶是有趣有味的艺术品，既鉴赏壶，又品尝茶，壶趣茶味，尽在其中，其乐无穷。选壶烹茶，收藏玩赏，世代不衰，可见其中自有学问。

同心杯组

顾名思义是一组同心圆盘组合的茶具，有不同的陶质，均可隔热不烫手，是朋友共斟、实用又典雅的泡茶器具。

同心杯有缎泥同心杯、绿泥同心杯、棕点同心杯、绿陶同心杯、红陶同心杯、灰陶同心杯、描金同心杯、黑陶同心杯等。

易泡壶组

顾名思义是一组很容易使用及操作的泡茶壶组。易泡壶上套有海草环，可隔热不烫手，壶嘴装有滤网，使茶汤干净，不含杂质。可当茶壶或茶海使用，是一种实用又典雅的泡茶器具。

茶承组

对于不想一直倒水的茶友来讲，茶承组是再好不过的器具了。依个人的泡茶习惯及需要，选择不同大小的茶承来使用，即可使泡茶品茗更悠然自在。基本配件有茶承、茶盘及茶海，另有品茗壶、水盂、品茗杯可搭配。

骏千壶

作品形体饱满而俊秀，壶的底部从圆形内收成四方形，并配以抽象而精致的马蹄，象征骏马疾奔如飞的动感，壶体的上部为圆形，犹如骏马强健的体魄，奔放有力；壶钮以圆形为基础，创作成三朵云彩，仿佛骏马飞驰入云，遨游乾坤，肩部饰以装饰性极强的八骏马图案，与整体相呼应，达到和清而协调的效果。纵观本作品秀中带刚、动感十足、圆中寓方，充分展现骏马驰骋乾坤的神态，故谓之“骏干壶”。

呈祥壶

该作品的整个形态，是取材于无锡的惠山泥塑“阿福娃娃”，福福泰泰。底部采取三足的作法，以凸显其圆胖体态，也自然地展现了胖娃娃灵巧而活泼的性格。壶身肩部装饰一条小而半圆的浮凸线，既增加了制作难度，又强化了整体美感和作品的张力。壶流以圆而丰腴的线条表现，来增加和谐的形式美，使该作品犹如无锡的“阿福娃娃”般可爱而亲切，配上壶钮以如意雕塑，寓意给人们带来吉祥如意的祝福。

蝉璧壶

本作品的壶钮是以三只蝉连贯合而为一，粗略观之若只一蝉，每转一方再现一蝉，再转，则见第三蝉；于玉璧形之盖面上，采半浮雕手法雕塑出三只成圈的蟠龙，十分别致、精彩而特殊，此手法为紫砂壶上较为少见的制作方式壶把与壶流大开大合，壶底三足外张而斜，壶身下部更以大块面的凹圈来稳固视觉安定之效果，凸显磅礴而憾人的雄伟气势。

香鼎壶

本作品以曲折变化充满神州古风的如意小雕塑为桥钮，配上鼎形壶身，简约而素雅，却不失重器之感，尤以盖缘凹及肩凹线的“点睛”，顿使作品充满力度之美感和艺术的生命力。

苑菱壶

本作品壶身采菱花瓣之阴阳筋纹，并予圆角化修饰，盖面宽广以彰显整壶气度及高超的制作与烧成技术，亲和而实用、精美无伦，确为名壶挑战极致的新典范。

欣朴壶

本作品采融合而抽象的如意为桥钮，配上十分朴素简洁、优美圆润的线条过渡为壶体，散发出阵阵迷人的内蕴气质。

天娇壶

国色天香、娇艳欲滴……本作品以花朵为创作题材，壶钮用含苞待放的花蕾巧妙装饰之，壶身刻画适当弯曲的阴线，使壶身如一朵盛开的花朵，配上如花梗般的流与把，达到了视觉舒畅的效果，壶底像花瓣般的三足，以十分合理而流畅的角度与壶身阴线相结合，呈十分巧妙的呼应之势，使作品整体自然地散发出如欣赏花朵般的怡然之情！

虎泉壶

本作品以虎跑泉为创作的主题，壶身采用大胆上收而下张形体，彰显虎虎生风的生气与稳健的下盘，以如意盖钮的桥形搭配，及壶流根部雕塑成写意的猛虎吐水成柱，巧妙地呼应主题，壶把以外张而有力的曲线形貌来代表虎尾，使之与整体搭配更匀称、完美，充满艺术张力。

坊玉壶

本作品采用以古代玉器造型为基础变化而成的桥型钮，钮上修整出一吉祥图腾，桥面外张而桥足略收，使整体气度有更加突出的效果，配上壶肩的凹形宽线，更使作品生命力无限扩张，壶把、壶流与壶身的衔接处，皆采用明线吉祥图案做收，十分得体而协调匀称，是十分成功的艺术设计作品。

福极壶

本作品的壶钮是用半浮雕的方式做出的两只充满中国风味的蝙蝠（寓意福成双），壶肩再雕刻出一圈共十只的蝙蝠图案，壶嘴微翘似蝙蝠的嘴形，配上平整而充满张力的壶体线条，造就出如蝙蝠展翅的动感，为理、意、趣兼具之祝福佳品。

圣龙壶

本作品以蹲卧可爱的独角龙为壶钮，配上壶嘴基处半浮雕手法制作的龙颜及壶把上抽象表达画龙点睛的一小凹点，搭配如龙角的飞扣，使整体的造型匀称而自然，灵巧而不失端庄，不愧为壶艺创作“新古典风”的封号。

乐泉壶

作品表现出沉稳端庄、幽雅持重、雍容华贵之名器风范，壶腹及壶嘴以压拈的高超技法制造出雄浑的“圆里藏方”风格，使整体散发出自信的优越感和“平淡中见不凡”的极致设计功力。

月香壶

以饱满而浑厚的壶身线条来表现圆月给人们带来的安祥团圆之气息，壶肩装饰古篆文，并采三刀法精刻之，寓赏月、吟诗、品佳茗的意境，令人不禁向往……

掇球壶

本作品稳实凝重，过渡完美无瑕，造工严谨而无懈可击，老辣精练至极，不愧为顶尖名作！

美人肩壶

本壶的造型为历史传统名作之一，以古代美人的肩线及丰腴美妙的曲线，幻化出动人心弦的壶形。此壶制作上最难之处，在于用全手工打出柔顺怡人的线条，及盖面和壶身的过渡，与流畅无碍的长三弯流，故由古至今皆被陶家视为最难掌握的造型品种之一！

邵振来圆珠壶

此件“邵振来圆珠壶”是仿古作品，全壶乃依传世之“邵振来圆珠壶”的原件摹制而成，壶底落“邵振来制”铁线小篆方章，以尊前人创作。整体丰韵饱满、过渡流畅完美，颇具历史重器之风范，为爱好古壶风华之壶友的最佳收藏标本！

小西施壶

线条愈简练者愈难做精，此壶用全手工成型技法，拿捏出西施壶的特有神韵，线条利落大方，过渡完美无瑕，壶小而大度，是不可多得的小品壶之大杰作。

如何选把好壶

茶壶有很多种，陶的、瓷的、金的、铁的、铜的、锡的……这里我们只把焦距对在“宜兴紫砂壶”方面。一般说来，宜兴紫砂壶的选择标准可从下述的四个方面来考虑。

实用第一

茶壶的天职就是要能拿来泡茶，这当然是毋庸置疑的，换言之，选择茶壶时便不应违背“实用”的基本原则。一把实用的贴心好壶至少应具备下列几点：

容量大小需合己用

茶壶容量大小差距很大，大者容水数升，小者仅纳一杯之量。同样的，有的人交友广泛，天天高朋满座，一周泡掉三斤茶，此时如果选用朱泥小壶来泡，那光是来回地倾茶注水便够他手忙脚乱，满头大汗了。反之，若三两好友促膝品茗，偏偏选用容水近升的大汉方壶，那岂不强迫人人非要海饮一番不可！

口盖设计合理，茶叶进出方便

我们爱喝的乌龙茶系，在冲泡前呈干燥紧缩状态，此时入壶中并不太难，但经热水冲泡数巡之后，叶片逐一伸展膨胀开来，会将整个壶塞满（尤其置茶量过多时），此时如果壶口太小或设计不当时，就得费一番工夫才能将茶渣掏出。若一时疏忽，未清除干净，则容易在壶身内壁形成茶垢，甚至发霉，这就有碍健康了。

重心要稳，端拿要顺手

有些茶壶端拿时感觉十分沉重，这如果不是壶把设计不当，不符合人体力学，便是壶壁过厚（用土太多）。新手买壶时，不妨先在壶内盛装四分之三的水，单手提起，临摹倒水姿势。此举，一则试其量感是否过重，二则可趁此感觉执壶间手指与壶把的施力位置是否舒适。端拿是否顺手相当重要，否则不但累了自己，更容易发生失手破壶的惨剧，不可不慎。况且，勉力为之，不免手上青筋暴露，脸上龇牙咧嘴，让客人未尝其甘，先见其苦，有失大雅。

出水要顺畅，断水要干净

此点是大部分茶壶不易顾及的。好壶出水刚劲有力，弧线流畅，水束圆润不打麻花。断水时，即倾即止，简洁利落，不流口水，并且倾壶之后，壶内不留残水。

工艺技巧

紫砂壶向以其高度精巧的工艺性著称于世，几乎所有好的砂壶都是手工成型的，即使是为求其产量与规格化而采用的挡坯成型法，其手工修整的工序仍相当繁琐，所以工艺水平的高低自是评断砂壶好坏的重要条件。砂壶的工艺要求，基本上有下述几项：

嘴、钮、把，三点成一线

这点是诸多藏家所特意注重的，尤其是水平壶、西施壶等基本壶式更是如此，它看似简单，实则不然，甚至包含名家壶在内，仍有许许多多的砂壶嘴歪把斜。另外，上把与下把不在同一垂直线上的亦相当常见。当然，这样的砂壶一样能泡能养，只是我们讲究的是“大中至正”、“允执厥中”，所以除非是特意设计的砂壶，不然仍应慎重审视为宜。

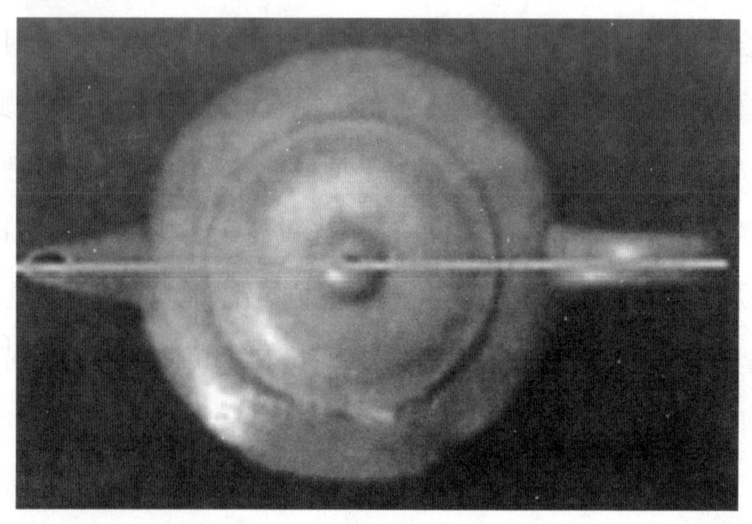

口盖要严紧密合

圆壶要旋转滑顺无碍，方壶要求面面接缝平直不变形，筋纹器更要达到面面俱到的“通转”地步。除了以上的目视、手试外，我们尚可在壶身盛水后，举壶作注水状，以食指压紧气孔，若能达到即压即停且滴水不漏，就表示壶盖与壶身的密合度甚高，与外界空气接触极少。部分技术特佳的陶手还能达到将壶嘴塞住时，手捏壶钮可将全壶擎起的境地。

壶身线面修饰平整、内壁收拾利落，落款明确端正

通常，一件砂壶的做工好坏，我们可从外观上审视陶手是否用心将壶身线条、转折、棱线修饰得漂亮规整来作判断。还有，此壶的落款是否大小得宜、位置适中、深浅适度，亦是重要参考。

此外，最易遭受忽略的是，壶身内壁流嘴的接口、块面的接缝是否遗有泥屑，内壁、内底是否收拾匀当……这些小细节都足以看出制作者的态度是否严谨、审慎。

胎土要求纯正，火度要求适当

有些砂壶乍看之下油光灿烂，未养先亮；有的则是贼光浮动，色相诡异，这些征兆都显示着此壶的土胎不纯或是配土太差。至于砂壶的烧结火候是否恰当，则需要有相当的经验累积才能作出正确的判断。一般可用壶盖（请切勿用盖沿，那是全器最脆弱的地方）轻轻敲击壶身（务请注意，莫伤壶表），若呈铿锵含韵之声，代表火度适中；若呈混沌低郁之声，代表火度稍嫌不足；反之，若呈高尖干脆之声，则表明过火，壶身已瓷化。

切忌冲动

紫砂壶的造型千姿百态，变化多端，但美感的标准则依各人的审美观而有所不同。真正重要的是：无论如何，买壶千万不要仅仅为了作者的名气或别人的强力鼓吹而冲动决定，否则日后极易后悔。因为泡茶赏壶之际是人类最冷静、最客观的时候，这时手中的砂壶势必会遭受到自己最严苛的挑剔，这也就是为什么茶壶就像女人的恋衣情结一样——永远少一把。

尽管每个人的审美观有所不同，但初入此道的朋友仍可依循下述两点来选择：

几何造型的砂壶，该圆的就要圆，该方的就要方，线条当直则直，当曲则曲。千万不要选择口盖歪曲变形、嘴歪把斜者，因为这些都会严重影响全器力度。此外，全器各配件大小需与壶身相衬。

自然造型的砂壶，该写实的就要写实，该写意的就要写意。由于花货的捏塑较多，所以应细心体察全器是否气势连贯，浑然一体而无生硬之感，亦应注意壶身与捏塑的接触点有无微细裂缝，以免日后断裂。

价格合理

经过前述的一番挑肥拣瘦，最后的一个问题便是“壶价几何?”事实上，近些年来，紫砂壶的涨势咄咄逼人，屡创新高，流风所及，似乎低价的壶泡出来的茶不堪入喉。尤有甚者，壶价动辄成百上千元，果真应验了古书所载的“人间珠玉安足取，岂如阳羡溪头一丸土”，时大彬、陈鸣远若地下有知，当恨生不逢时也!

总而言之，当我们面对琳琅满目的各式砂壶，以及店老板的如簧之舌时，切切要分清楚“选择一把别人公认的好壶”和“选择一把贴心好壶”之间的差异。因为唯有“适合自己”的才是真正的好壶，若硬是要随波逐流，附庸风雅，可就失去了茶艺怡情养性的那份闲适之美了。

如何使用新壶

整修内部

通常中档以下的紫砂壶多半会有一些不算瑕疵的小毛病，大多可以自行排除。例如气孔若被泥屑堵塞住，易影响出水的顺畅，可以用钢针或尖钻小心将其剔除；又如壶身内壁或流孔接续处若残存泥屑，则易卡住较小的茶叶片，形成藏污纳垢的死角，此处可用小钢锉及砂纸，细加修整磨拭，以免造成日后使用的困扰。

去蜡醒壶

事前的暖身运动做好了之后，便可举行爱壶的下水典礼了。这道手续的目的有三：其一，新壶在出厂、装运、展示过程中，常会附着一些泥砂、尘土、包装屑，有些茶壶里面仍留存着白色的铝粉（此为隔离用的耐火物，入窑烧坯前先撒于壶盖内沿，可避免壶盖与壶身烧结在一起分不开），以上这些异物均应于事前加以清除；其二，新壶出窑后，未识茶味，火气、土气仍重，若不先行去除，将有碍茶汤的品评；其三，制壶者常会在初出炉的砂壶表面打上一层蜡油，以增加光泽，美化卖相。这层油性异物不但堵塞了壶表的毛细孔，更形成一层保护膜，不受茶水，如未予去除，则养壶势必徒劳无功！

水煮刷拭

茶壶的下水典礼有两种仪式，读者可依个人状况自行采用。

降级

取一干净无杂味的锅子，将壶盖与壶身分开置于锅底，徐注清水使高过壶身，以文火慢慢加热至沸腾。此步骤应注意壶身和水应同步升温加热，切勿像某些书上所载，将壶身骤然置入沸水中，来个“三温暖”，否则，虽说紫砂壶冷热急变化佳，但如此折腾爱壶，万一来个“开口笑”那就后悔莫及了（一般会“笑”的，多是早已有暗伤）。待水沸腾之后，取一把廉价的茶叶（通常采用较耐煮的重焙火茶叶）投入熬煮，数分钟后捞起茶渣，砂壶和茶汤则继续以小火慢炖。待 20～30 分钟后，以竹筷小心将茶壶起锅，静置退温（勿冲冷水）。最后再以清水冲洗壶身内外，除尽残留的茶渣，即可正式启用。

这种水煮法除了去蜡醒壶外，亦可让壶身的气孔结构，借热胀冷缩而释放出所含的土味及杂质，此种作法将有助于日后泡茶养壶。

高于降级

这是较为简便的方法，先以温水暖壶后，再改注沸水盛满壶内，并用热水浇淋壶身表面，使全壶保持高温状态。再持软毛牙刷沾上牙膏，将全壶内外彻底刷上几遍后，以热水冲去泡沫，即可去除土味及蜡质。

刷拭法的优点是简单方便，在茶桌上即可操作，不必“动鼎动灶”，缺点是效果不如水煮法彻底。此外，某些品牌的牙膏（尤其是强调去污力特强的）含有较高成分的研磨剂，对胎身较细腻的砂壶（如朱泥、绿泥）恐易产生刮痕，不妨改用洗碗精替代。

洗心革面

前面所述的“下水典礼”，均以新壶为对象，若是手中的是二手壶、老壶、旧壶、出土壶，那处理上需较为谨慎，因为谁也不晓得此壶的前任主人是何方神圣。

出土壶固然需大清特清，老壶、旧壶亦然，因为有些人家习惯用茶壶装酱油、煤油等物，甚至某些文物贩子喜用墨汁、鞋油、盐酸将紫砂壶刷染作旧。即便是得自友朋的二手壶也应重新处理干净，从头泡养起，因为“好壶不事二茶”，常泡普洱的壶若突然改冲乌龙，茶汤必然不纯，有碍品评。

紫砂旧壶的“洗心革面”通常不采用水煮法，因为旧壶或许隐含有龟裂、修补的暗伤，较不宜用此“猛药”。通常的作法是，先取一干净的锅盆，将温热过的旧壶置入，徐注热水使其淹过壶身，再加入10克左右的漂白剂，静置一小时后取出，再似前述的刷拭法，将此壶内外刷净，此时便可重现庐山真面目。需特别注意的是，漂白剂对人体有害，且其渗透力甚强，需于事后充分洗净，方可泡茶。

第二十五章
唐煮宋点的茶技

唐及唐前的煮饮法

从茶的最早发现利用，到如今丰富多彩的各式品茶，有着5000多年的漫长历史。茶最初作为药用，后被当做菜食。大约从汉代起茶逐步转为日常喝饮，已有2000年了，喝饮方式也经历了多种变革。从汉至隋唐茶是碾末后，用鍑（锅）煮着喝的，从解渴式的粗放饮法，提升到细煎慢啜式的品饮，最终形成饮茶艺术。宋元间则煮水不煮茶，是用水冲点末茶，明代以后，炒青茶出，改革为全新的撮泡法，并一直沿袭至今。

“樵青竹里为煎茶”，唐诗人谢过这句诗，描述的就是唐代茶的品饮方式。唐肃宗赐官至待诏翰林的张志和奴婢各一，张将其配为夫妻，取名渔僮、樵青，并教以“苏兰薪桂，竹里煎茶”。

唐代用来煎茶的茶叶有多种多样，陆羽在《茶经·六之饮》中作了概括：“饮有粗茶、散茶、末茶、饼茶者，乃斫、乃熬、乃炀、乃舂”。

粗茶，饮时用“斫”法。就是把茶叶连枝带梗砍下来，一起用刀切碎，放在锅里煎煮。这是最粗放的煮饮法。

散茶，饮时用“熬”法。散茶是采摘茶树上的嫩芽新叶，或不经加工，直接放在锅里“熬”，煮汁而饮；或经炒干，再放在锅里“熬”。前者如陆希声《茗坡》诗中所述：“二月山家谷雨

天，半坡芳茗露华鲜。春醒病酒兼消渴，惜取新芽旋摘煎。”这是采下新茶芽，旋即煎饮。刘禹锡在《西山兰若试茶歌》里所说的“山僧后檐茶数丛，春来映竹抽新茸。宛然为客振衣起，自傍芳丛摘鹰嘴。斯须炒成满室香，便酌沏下金沙水……新芽连拳半未舒，自摘至煎俄顷余。”这是即采、即炒、即时煎，采茶至煎茶顷刻间就完成。

末茶，饮时用“炀”法。末茶是把茶叶采摘下来，经过烘烤干燥，碾研成末后煮饮。

饼茶，饮时用“舂”法。把茶叶加工制成团饼，是唐代最流行的。饼茶制作要经过采、蒸、捣、拍、焙、穿、封七道工序。煮时把饼茶捣碎成末。

陆羽在《茶经》中所提倡的煎茶，用的是饼茶。饼茶煎饮讲究精美，而要真正达到精美，必须克服“九难”：一是造难，阴天采摘和夜间焙制，就制造不出好茶；二是鉴别难，口嚼辨味、干嗅香气，不算是会鉴别；三是用器难，沾有膻腥气味的鼎炉釜盂，不能用作煎茶饮用；四是用火难，有油烟的柴和沾染了油腥气味的炭，都不宜作炙烤、煎煮茶的燃料；五是择水难，急流和死水都不能作为煮茶用水；六是烤炙难，饼茶烤炙若外熟内生，就是炙法不得当；七是碾末难，青绿色的粉末和青白色的茶灰，是碾得不好的茶末；八是烹煮难，操作不熟练和搅动得过快，就煮不出好茶汤；九是饮用难，饮茶要持之以恒，夏天饮，冬天停，纯属解渴，就不能说是饮茶。

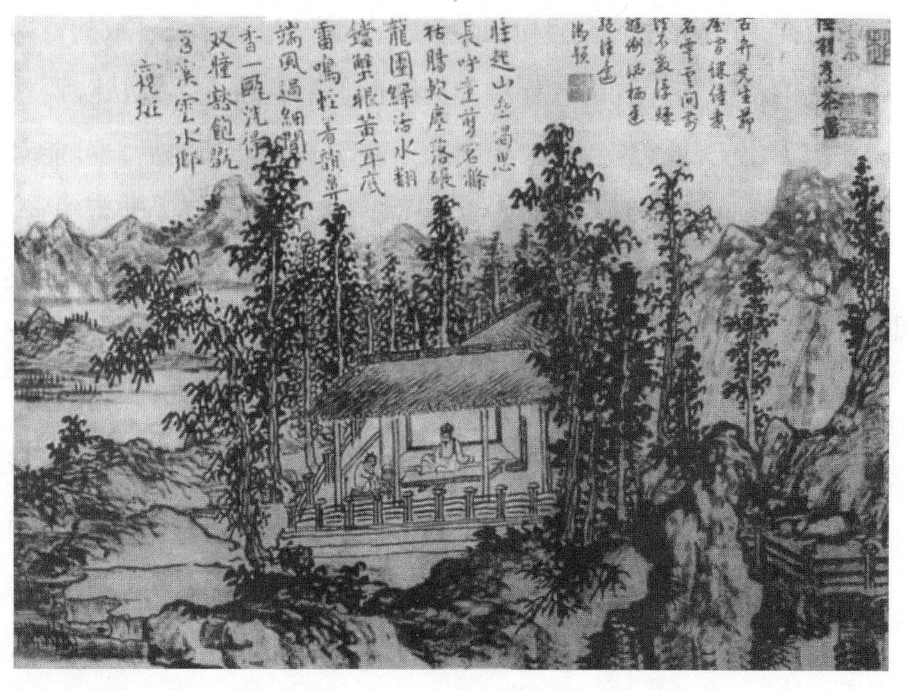

唐代是饮饼茶的时代，饼茶煎煮的步骤是先炙茶、再碾末，然后煮水煎茶。具体操作要领如下：

①炙茶。饼茶的含水量一般较叶、片、碎、末茶为高，并在

存放过程中又会自然吸收水分。炙烤的目的，是要把饼茶内含的水分烘干，用火逼出茶的香味来。炙茶很有技术，陆羽在《茶经》中告诫：炙烤时不要迎风，火焰飘忽不定，会使冷热不匀，还要经常翻动，否则也会“炎凉不均”；待炙到烤出像蛤蟆背那样时方可。唐诗人刘兼《从弟舍人惠茶》有句：“曾求芳茗贡芜词，果沐颁沾味甚奇。龟背起纹轻炙处，云头翻液乍烹时。”这“龟背纹”与陆羽所说的“蛤蟆背”是相近似的。炙烤好的饼茶，要趁热用纸袋贮藏好，不让茶的香气散失。

②碾末。炙烤过的饼茶，待冷却后要碾成末。陆羽认为“末之上者，其屑如细末；末之下者，其屑如菱角。”这和他说的煎茶“九难”中所说的“碧粉缥尘，非末也”的要求是一致的，即青绿色的粉末和青白色的茶灰，是碾得不好的茶末。但从陕西扶风法门寺出土的宫廷系列茶具中的茶罗看，在陆羽之后，可能对茶末的要求趋向于细。法门寺出土的茶罗约为60目，极为细密，似已近乎宋人点茶时的茶末了。

③煮水。煮茶用的水，以山水为最好，江水次之，井水再次之。煮水用一种大口的锅，称为“鍑”。煮茶的燃料最好用木炭，其次用硬柴，沾染了膻腻的和油脂较多的柴薪，以及朽坏的木料都不能用。因为“茶须缓火炙，活火煎”，活火是指炭火之有焰者。水分三沸，当开始出现鱼眼般的气泡，微微有声时，为第一沸；边缘像泉涌连珠时，为第二沸；到了似波浪般翻滚奔腾时，为第三沸，此时水气全消，谓之老汤，已不宜煎煮茶用了。

④煎茶。已碾罗好的茶末放到水里煎煮，有一定的程序。当水至一沸时，即加入适量的盐调味；到第二沸时，先舀出一瓢来，随即用竹夹在鍑中绕圈搅动，使水的沸滚均匀，同时当出现水涡

时，就用一种量茶末的小杓叫“则”，量取一定量的茶末，从旋涡中心投下，再加搅动。搅时动作要轻缓，陆羽说“操艰搅遽，非煮也”，就是说动作不熟练或者搅得太急促，都不算是会煮茶。当茶汤出现“势若奔腾溅沫”时，将先前舀出的那瓢水倒进去，使沸水稍冷，停止沸腾，以孕育沫饽。然后把鍑从火上拿下来，放在“交床”上。这时，就可以开始向茶碗中酌茶了。

⑤酌茶。舀茶汤倒入碗里，须使沫饽均匀。沫饽是茶汤的精华，薄的叫沫，厚的叫饽，细轻的叫汤花。陆羽在《茶经》中形容细轻的汤花“如枣花漂漂然于环池之上，又如回潭曲渚青萍之生，又如晴天爽朗有浮云鳞然”；薄的沫“若绿钱浮于水湄，又如菊英堕于尊俎之中”；厚的饽“则重华累沫，皤皤然若积雪耳”。一般每次煎茶一升，酌分五碗，乘热喝饮。因为茶汤热时“重浊凝其下，精英浮其上”，不然待到茶汤冷了，“精英随气而

竭”，茶的芳香，都随热气散发掉了，饮之索然寡味。

唐代煎茶，用鍑煮，用碗喝。唐佚名《宫乐图》，描摹了宫中奏曲赏乐的情景，也同时留下了当时品茶的情状：在长方形大案中间，有一大茶海，上置一长柄勺，每人面前有一茶碗。看来大茶海里是刚煮出锅的茶汤，每人用长柄勺舀出茶汤置碗内，再慢慢品尝。据沈从文先生考证，此画出自晚唐，画中应是宫廷煎茶品茶的再现。

宋代的点茶法

同样是在竹荫下饮茶品茶，唐人诗句中称“煎茶”，宋人吟唱中则为“点茶”。反映出唐宋两代茶的煎烹方法的区别。“蓬山点茶竹荫里”，出自张耒与晁补之的《直庐联句》中。

在叙述茶的历史时有一种说法：“茶兴于唐，盛于宋”。从整个茶的发现利用历史而言，中国茶之兴起应早在唐之前；从茶的

品饮发展，即提倡茶的细煎慢啜，形成饮茶艺术来说，可以说是从唐始，到了宋代，进入盛极难继的繁荣时期。宋末蔡绦在《铁围山丛谈》中说："茶之尚，盖自唐人始，至本朝为盛，而本朝又至柘陵（即宋徽宗赵佶）时益穷极新出，而无以加矣。"宋徽宗在《大观茶论》也说："近岁以来，采择之精，制作之工，品第之胜，烹点之妙，莫不咸造其极。"

宋代的茶叶分两大类。一类是团饼茶，因条经蒸压成一片片的，故又称片茶；又因茶表面涂有一层腊而又叫腊面茶或腊茶。另一类是散茶，是未经蒸压的，采摘芽叶后经干燥而成，称草茶。欧阳修说："腊茶出于剑建，草茶盛于两浙"。宋代时尚片茶，点茶用的也是片茶。

宋代上品片茶主要产于福建建安的凤凰山一带，又名北苑，所以当地产的茶又叫北苑茶。太平兴国（公元976－983）初，宋太宗为了显示皇家的尊贵，"特制龙凤模，遣使即北苑造团茶，以别庶饮"。从此北苑专制龙凤团茶，以示区别一般人饮用的茶。最初监造龙凤团茶的是福建转运使丁谓。当时有10个名品龙茶、凤茶、京挺、的乳、石乳、白乳、头金、腊面、头骨、次骨。庆历（公元1041－1048）中，《茶录》的作者蔡襄在任福建转运使时，主持监造贡茶，称小龙团，精于龙凤团茶。蔡襄在《北苑造茶诗》自序中说"其年改造上品龙茶，二十八片才一斤，尤极精妙，被旨仍岁贡之。"神宗熙宁（公元1068－1077）年间，有叫贾青的任福建转运使，创制密云龙茶，"其云纹细密，更精绝于小龙团也"。后又改为瑞云翔龙。大观（公元1107－1110）初，宋徽宗推崇白茶，此茶与常茶不同，偶然生出，非人力可致，于是白茶遂为第一。宣和（公元1119－1125）年间，在建安为官的郑可简，又创银丝水芽，将新抽茶枝上的嫩芽尖采下，经蒸过后，剥去稍大的外叶，“只取其心一缕，用珍器贮清泉渍之，光明莹洁，若银线然，以制方寸新銙”，又号龙团胜雪，“盖茶之妙，至胜雪极矣！”

宋代的点茶，与唐时煎茶最大的不同，是煎水不煎茶，茶不再投入鍑里煮，而是用沸水在盏里冲点，具体操作按蔡襄《茶录》所述如下：

①炙茶。经年陈茶，需将茶饼在洁净的容器中用沸水浸渍，待涂在茶饼表面的膏油变软时，刮去一两层，然后用茶夹箝住茶饼，在微火上炙干，再就可以碎碾了。当年未涂膏油的新茶，则没有此道程序。

②碾茶。茶饼上碾前，先用干净纸包起来捶碎，捶碎的茶块要立即碾用，碾时要快速有力，称之谓“熟碾”。这样碾出的茶末洁白纯正，否则会导致茶汤“色昏”。

茶碾，蔡襄主张用银质或铁质，宋徽宗认为以银质为最好，熟铁次之，忌用生铁铸造。也有铜质的，如苏轼有句：“拓罗铜碾并不用”。另有石质的磨，审安老人《茶具图赞》中称“石转运”。另外，从考古发掘中还见到一种瓷质的研钵。

碾茶是整个点茶过程中很重要的一个环节。宋人爱茶者常常亲自为之。陆游《饭罢碾茶戏书》有句：“江风吹雨暗衡门，手碾新茶破睡昏。”碾茶得法者，在碾茶时就可以赏得茶色、闻到茶香了。陆游在《昼卧闻碾茶》中云：“玉川七碗何须尔，铜碾声中睡已无。”碾茶中的情趣，使品茶者渐入佳境。黄庭坚的咏茶词《品令》中描写说：“凤舞团团饼，恨分破，教孤零，金渠体净。只轮慢碾，玉尘光莹，汤响松风，早减二分酒病。”诗人手推“只轮”，慢慢碾碎“凤舞团团饼”，看着碾出光莹如玉的茶粉，听着炉上水壶发出的松涛般飒飒声，让人酒病顿减。

③罗茶。碾磨后的茶末过筛称为罗茶，与唐代大体相同，只是宋代“茶罗以绝细为佳”。蔡襄《茶录》说“罗细则茶浮，粗则水浮”。茶末绝细，才能“入汤轻泛，粥面光凝，尽茶色”。茶罗的罗底以“蜀东川鹅溪画绢之密者”为佳。这种绢罗，细而面紧，绢面不泥而透，过罗的末茶精细。周必大有诗“敢向柘罗评绿玉，待君回碾试飞尘”，诗人以末茶细如飞尘而得意。

④候汤。宋代点茶，是用沸水来冲点末茶，水温的恰到好处至关重要，蔡襄说：“未熟则沫浮，过熟则茶沉”。宋代煮水与唐时不同，不再用鍑而是用瓶，鍑敞口能目辨汤变，而茶瓶辨汤就比较困难。所以蔡襄又说：“沉瓶中不可辨，故日候汤最难”。宋代茶人在茶事操练中提出了“声辨法”，即依靠水的沸声来判别煮水的适度与否。南宋罗大经与其好友李南金，就是以声辨一沸、

二沸、三沸，并在《鹤林玉露》中提出点茶用水的温度标准：陆羽的时代，是把茶末放到茶釜中煮饮的煎茶法，所以在水的第二沸时，投入茶末为适度，而宋时点茶，煮水的要求，“则当用背二涉三为合量”，就是水煎至刚过二沸略及三沸之时，点茶最佳。李南金还吟成一诗，形象描述“背二涉三”之际的水声。诗云：“砌虫唧唧万蝉催，忽有千车捆载来。听得松风并涧水，急呼缥色绿瓷杯。”诗意是说水声如砌下虫声唧唧而鸣，又似远处蝉声噪响为一沸；如满载而来的大车吱哑声起，则为二沸；如松林涛声，似涧流喧闹，已到三沸。这时，就赶快提起茶瓶，把水注到已投入绿茶末的杯盏中。罗大经对李南金所述还稍加补正，认为不能用刚离开炉火的水马上点茶，这时的水太老，冲点出来的茶会苦，而应该在水瓶离开炉火后稍停一会儿，等瓶中的沸腾完全停止后再用以点茶，茶汤适中而茶味甘。他也作成诗云：“松风桧雨到来初，急引铜瓶离竹炉。但得声闻俱寂后，一瓯春雪胜醍醐。”

⑤烫盏。点茶之前先要烫盏，即将茶盏用开水冲涤令热，这样有助于透发茶香。蔡襄认为如不烫盏，“冷则茶不浮”。宋徽宗也认为“盏惟热，则茶发立耐久。”

⑥点茶。这是最为关键，也最具技艺的一环。点茶的第一步是调膏。调膏得掌握茶末与水的比例，一盏中茶末二钱，注入适量水，加以适量开水，调成极均匀的茶膏，要有胶质感。这时，开始向茶盏注入煎好的沸水，一边注水，一边用茶筅环回击拂。注水和击拂有缓急、轻重和落点的不同，要适时变化。这种变化，宋徽宗归纳为七次，又称七汤。

第一汤，“环注盏畔，勿使浸茶，势不欲猛”。就是沸水顺茶盏四周边沿注下去，不能直冲盏中的茶膏；另一只手持茶筅击拂茶膏，击拂时要“手轻筅重，指绕腕转”，即用手指捻动茶筅，手腕以茶盏为圆心转动，由轻至重，力透上下，起着一种像曲母发酵面团那样的效果，以发茶力的根本，初步出现汤花，盏面如“疏星皎月，粲然而生”。

第二汤，“自茶面注入，周回一线，急注急止”。就是落水点在茶面上，沿茶面周注入，不能间断，急注急停，不得有水滴淋漓，以免破坏汤面初现的汤花整体性；另一只手持茶筅继续击拂，击拂要有一定的力度，此时盏面汤花“色泽渐开，珠玑磊落”。

第三汤，注水的掌握和第二汤一样，击拂贵在轻而匀，要“周环旋复，表里洞彻”，使茶面汤花细腻如粟粒、似蟹眼，并渐渐涌起。这时，已得茶色的十之六七。

第四汤，“汤尚啬，筅欲转稍宽而勿速”。就是注水要节制，尽量少些，击拂时茶筅的转动要幅度大而节奏慢。这时，“其真精华彩，既已焕然”，盏面汤花如云雾一样升起。

第五汤，“汤乃可稍纵，筅欲轻匀而透达”。这是说，点水可比四汤时适当多一些，茶筅的击拂要均匀而又无所不至，盏面汤花还未泛起的，要特别点击，如汤花过于泛起，则用茶筅轻轻拂平。这时茶面如“结浚霭，结凝雪”，茶色至此已尽显露。

第六汤，“乳点勃然，则以筅着居”。就是水仅点于汤花过于凝聚的地方，以使盏面汤花均匀，运筅宜缓，轻拂汤花而已。

第七汤，“分轻清重浊，相稀稠得中，可欲则止”。即区别茶汤的不同情况，水可点可不点，击拂也就此打住。

至第八汤，盏面“乳雾汹涌，溢盏而起”，四周的汤花紧贴盏沿，这叫“咬盏”，以汤花持久，不易散退为优。

南宋刘松年绘有一幅《撵茶图》（现藏台北故宫博物院），描绘了从茶的碾磨到烹点的具体场面。画中一人骑坐凳上，推磨磨茶，出磨的末茶呈玉白色，当是头纲芽茶。桌上有将需用的茶罗、茶盒等。另一人伫立桌边正提汤瓶在点茶，左手边是煮水的炉壶，右手边是贮泉瓮，桌上是茶筅、茶盏、茶托。一切显得安静整洁，专注有序。

宋代的斗茶

北宋文学家范仲淹有一名篇《和章岷从事斗茶歌》，对当时从皇室宫廷到民间里巷都十分流行的斗茶，作了十分令人神往的

描述。范仲淹有个朋友叫章岷，是个斗茶能手。一次，章岷拜会范仲淹，叙谈从事斗茶的情况，并率先吟成一诗。范仲淹接读后即奉和一首。诗先写建溪茶的采制和闻名的由来：

年年春自东南来，建溪先暖冰微开。
溪边奇茗冠天下，武夷仙人从古栽。
新雷昨夜发何处，家家嬉笑穿云去。

露芽错落一番荣，缀玉含珠散嘉树。

终朝采掇未盈襜，唯求精粹不敢贪。

研膏焙乳有诽制，方中圭兮圆中蟾。

接着，道出了斗茶的缘起，斗茶的步骤和精彩的场面：

北苑将期献天子，林下雄豪先斗美。

鼎磨云外首山铜，瓶携江上中泠水。

黄金碾畔绿尘飞，碧玉瓯中翠涛起。

斗茶味兮轻醍醐，斗茶香兮薄兰芷。

其间品第胡能欺，十目视而十手指。

胜若登仙不可攀，输同降将无穷耻。

宋代时尚福建建州产的北苑茶，斗茶亦取用北苑茶。达官贵人为了争天子欢心，每年在北苑茶见新时，便各自献出先春绝品，在林下斗茶，个个神情专注，气宇轩昂。这斗茶的胜负非同小可，胜若登仙，败如降将，其荣辱自然非常重大。

宋代斗茶以茶白为贵。茶色汤花以纯白为上，青白、灰白、黄白，则等而下之。汤色与茶的采制技艺直接相关。色纯白，表明茶采摘嫩，蒸制恰到好处；色偏青，是蒸时火候不足；色泛灰，是蒸时火候太过；色泛黄，是采制不及时；色泛红，是烘焙过了火候。另有一种特殊品种的白茶，宋徽宗在《大观茶论》中有记："白茶自为一种，与常茶不同，其条敷阐，其叶莹薄。崖林之间偶然生出，盖非人力所可致，正焙之有者不过四五家，生者不过一二株，所造止二三銙而已。"这茶"如玉之在璞"，碾成的茶末虽色微灰，受汤则愈白。范仲淹在《斗茶歌》中云："黄金碾畔绿尘飞，碧玉瓯中翠涛起"，是说碾出的茶末为"绿尘"，点成的汤花似“翠涛”。这与时尚的标准不一。据说，蔡襄就提出质疑：“今茶之绝品，其色贵白，翠绿乃茶之下者耳。”范仲淹听后欣然接受，对蔡襄钦佩地说：“君善鉴茶者，此中吾语之病也。”遂将这两句改为“黄金碾畔玉尘飞，碧玉瓯中素涛起。”这一字之差，表现出宋人斗茶贵白的习尚。另有一则趣闻：司马光与苏东坡开玩笑说：“茶与墨相反，茶欲白，墨欲黑；茶欲重，墨欲轻；茶欲新，墨欲陈。君何以爱此二物？”苏东坡答曰：“奇茶妙墨俱香，是其同德也；皆坚，是其操一也。”此亦证明茶贵白是一个共同的标准。

斗茶的胜负，一是看盏面汤花的色泽和均匀程度，以鲜白似“素涛”为佳，所谓“淳淳光泽”。形象地叫作“冷粥面”的，是谓汤花像白米粥冷后稍有凝结时的形状。汤花均匀程度适中，叫作“粥面粟纹”。“银粟翻光解破颜”（黄庭坚句），“侵寻发美卷，猗旎生乳粟”（秦观句），描述的都是盏面汤花似白色粟粒纹。二是看汤花持续时间，鲜白而匀细的“冷粥面”，紧贴盏沿，久聚不散，叫作“咬盏”，咬盏长久的为胜。如果汤花泛起后很快涣散，或随点随散，叫作“云脚涣散”，就属差次了。汤花一散，盏的内沿就会露出水痕，又叫“水脚”。水痕出现得早晚，就是汤花优劣的依据。水痕早出者为负，晚出者为胜。蔡襄在《茶录》中说：斗茶“视其面色鲜明，着盏无水痕为绝佳。建安斗试以水痕先者为负，耐久者为胜，故较胜负之说，日相去一水、两水。”说的就是上述两个斗茶决胜负的标准。宋代诗人的诗作中也常有斗茶的描述。梅尧臣有诗句“烹新斗硬要咬盏。”苏东

坡云："沙溪北苑强分别，水脚一线谁争先？"晁补之有句："建安一水去两水，相较岂如泾与渭？"

宋代斗茶用建州产的、通体施黑釉的建盏。蔡襄在《茶录》中说："茶色白，宜黑盏，建安所造者，绀黑，纹如兔毫，其坯微厚，熁之久热难冷，最为要用。出他处者，或薄，或色紫，皆不及也。其青白盏，斗试家自不用。"依蔡襄所述，用建盏斗茶至少有三个优点：一是建盏绀黑。斗茶的汤花呈白色，与黑盏正好黑白相衬。"茶色白，入黑盏，其痕易验。"斗茶时遇汤花消退，水痕分明，清晰可见。二是建盏纹如兔毫。建盏在烧造时，通过窑变，变化出美丽的异彩花纹，盏内壁有玉白色毫发状的细密条纹，从盏口延伸至盏底，类似兔毫，故称"兔毫盏"。苏东坡有"忽惊午盏兔毛斑，打作春瓮鹅儿酒"的诗句。还有一种花纹如鹧鸪颈上的斑点，称为"鹧鸪斑"，也极珍贵。僧惠洪也有诗："玉瓯绞刷鹧鸪斑"。三是其坯微厚，熁之久热难冷。斗茶时，要求茶盏在一定时间内保持较高的温度，要给茶盏加热，即称"熁盏"。建盏胎厚，有利于保持茶汤温度。

斗茶的具体步骤与操作程序，与点茶是一致的。蔡襄《茶录》在"点茶"一节中也说到了斗茶胜负的标准。其实，斗茶即是点茶技艺的较量。

宋代斗茶，在文人中普遍流行。因此，除了在诗词文章中多有表现外，在绘画中也多有反映。南宋刘松年的《茗园睹市图》和元代赵孟頫的《斗茶图》，形象地记录了当时斗茶的情景。赵孟頫画中，参与斗茶的有四人，各人都有一副精巧非常的斗茶用具。可以想见，为了取得斗茶的胜利，他们都精心择茶，刻意选水，细心洗涤茶具，又耐心候火定汤。其中一人在提壶点茶，点好了三盏，正在点的是最后一盏；另外三人神情专注地在鉴评，有正在举盏啜饮的，有刚吮吸一口还在舌边翻滚辨味的，有已徐徐咽下而在品其回味的。个个刻画细腻，神韵生动。不过从画中的斗茶场面看，他们的胜负不在汤花水痕、斗色斗浮，而在于茶的滋味、香气。这是宋代后期斗茶的一种转变，或许民间斗茶早就重在滋味、香气了。

宋代的分茶

南宋淳熙十三年（公元1186）春，陆游应召"骑马客京华"，从家乡山阴（今绍兴）来到京都临安（今杭州）。那时节，国家处在多事之秋，一心想杀敌立功的陆游，宋孝宗却把他当作一个吟风弄月的闲适诗人。陆游心里感到失望，徒然以练草书、玩分茶自遣，作《临安春雨初霁》一首，有句云：

矮纸斜行闲作草，晴窗细乳戏分茶。

这分茶，不是寻常的品茗别茶，也不同于点茶茗战，而是一种独特的烹茶游艺。陆放翁是把"戏分茶"与"闲作草"相提并论，可见这绝非一般的玩耍，在当时文人眼里是一种很有品位的文娱活动。宋词家向子諲《酒边集·江北旧词》有《浣溪沙》一首，题云："赵总持以扇头来乞词，戏有此赠。赵能著棋、写字、分茶、弹琴。"词人把分茶与琴、棋、书、艺并列，说明分茶亦为士大夫与文人的必修之艺。

分茶在宋代是玩得比较普遍的，因此在诗词中吟咏到分茶的颇多。王之道有《西江月》词一首，是和董令升燕宴分茶的；史浩的《临江仙》词，有"春笋惯分茶"之句；陈与义与周绍祖共分茶，也有诗存："共此晴云碗""小杓勿辞满"。曾几《迪侄屡饷新茶》："欲作柯山点（自注：所谓衢点也），常令阿造分（自

注：造侄妙于击拂）。”李清照也是个中好手，其《满庭芳》有“生香熏袖，活火分茶”句，《摊破浣溪沙》有“豆蔻连梢煎熟水，莫分茶”句。李清照若不谙熟分茶之道，就不可能在她的词作中屡屡见之。杨万里的一首《澹庵坐上观显上人分茶》诗，记述了他观看显上人玩分茶时的情景，十分详尽而生动。诗云：

分茶何以煮茶好，煎茶不似分茶巧。

蒸水老禅弄泉手，隆兴元春新玉爪。

二者相遭兔瓯面，怪怪奇奇真善幻。

纷如劈絮行太空，影落寒江能万变。

银瓶首下仍尻高，注汤作势字嫖姚。

细腻的末茶与水相遭，在黑釉的兔毫盏盏面上幻变出怪怪奇奇的画面来，有如淡雅疏朗的丹青，或似劲疾洒脱的草书。显上人是玩分茶的老手了，善幻能变，心手相应，但是要像他那样娴熟地分茶是很不容易的。难怪乎陆放翁在记述自己分茶时要着一“戏”字，以示并非内行，试着玩玩而已。不过从放翁的其他许多诗作中可知，分茶他还是常玩的。他有《疏山东堂昼眠》诗：“饭饱眼欲闭，心闲身自安……吾儿解原梦，为我转云团。”诗后有注：“是日约子分茶”。约是陆游的第五子，名叫子约。父子俩同玩分茶，更有情致了。还有一首《入梅》诗：“墨试小螺看斗砚，茶分细乳玩毫杯。客来莫诮儿嬉事，九陌红尘更可哀。”其时，诗人年已七十又六，虽闲居在家，可在“玩毫杯”之际，仍有一种难以排解的忧伤。

南宋时民间也玩分茶。周密《武林旧事》卷第三“西湖游幸”中有一记载：“淳熙间，寿皇以天下养，每奉德寿三殿，游幸湖山……如先贤堂、三贤堂、四圣观等处最盛。或有以轻桡趁逐求售者。歌妓舞鬟，严妆自衒，以待招呼者，谓之‘水仙子’。至于吹弹、舞拍、杂剧、杂扮、撮寻、胜花、泥丸、鼓板、投壶、花弹、蹴鞠、分茶、弄水……不可指数，总谓之‘赶趁人’，盖耳目不暇接焉。”那时，杭州献演杂技的“赶趁人”，也习得分茶的技艺，向游湖赏玩者当众表演。

分茶这种游艺大约始于北宋初年。北宋初年人陶谷在《荈茗录》中已经说到一种叫“茶百戏”的游艺，他说：

“茶至唐始盛。近世有下汤运匕，别施妙诀，使汤纹水脉成物象者，禽兽虫鱼花草之属，纤巧如画。但须臾即就散灭。此茶之变也，时人谓之茶百戏。”

陶谷所记述的“茶百戏”，便是后来的分茶了，玩法是一样的。当时还有人称之为“生成盏”，陶谷也有记述：

“馔茶而幻出物象于汤面者，茶匠通神之艺也。沙门福全生于金乡，长于茶海，能注汤幻茶，成一句诗，并点四瓯，共一绝句，泛乎汤表。小小物类，唾手办耳。檀越日造门求观汤戏，全

自咏曰：‘生成盏里水丹青，巧画工夫学不成，欲笑当时陆鸿渐，煎茶赢得好名声’。”

这个叫福全的佛门弟子，精于分茶，有“通神”之艺。竟能同时点四瓯，幻成一绝句。至于幻变一些花草虫鱼之类，更是唾手可得。因此常有施主上门求观，颇有点自负，嘲笑起茶神陆羽来了。

宋徽宗赵佶也精于分茶。蔡京在《延福宫曲宴记》记述了这样一件事：“宣和二年（公元1120年）十二月癸巳，召宰执亲王等曲宴于延福宫……上命近侍取茶具，亲自注汤击拂，少顷白乳浮盏面，如疏星朗月。顾诸臣曰：此自布茶。饮毕皆顿首谢。”徽宗亲自分茶让群臣观赏后，才饮茶品尝。

宋时，上自帝王，下至文人、僧徒，以致“赶趁人”，都会玩分茶。分茶还传入女真。《大金国志》卷七称金熙宗能分茶，以为“尽失女真之态”。此俗亦传播于岭南，见南宋周去非《岭外代答》卷六“茶具”：“雷州铁工甚巧，制茶碾、汤瓯、汤匮之属，皆若铸就，余以比之建宁所出，不能相上下也。夫建宁名茶所出，俗亦雅尚，无不善分茶者。”

元、明时仍有分茶余韵流泽，如关汉卿套曲《一枝花·不伏老》：“花中消遣，酒内忘忧；分茶攧竹，打马藏阄。”分茶仍为文人乐事之一。董解元《西厢记》卷一：“选甚嘲风咏月，擘阮分茶。”寄情抒怀，也可借弹弦乐、玩分茶。清代后，未见玩分茶的记载，这朵茶艺奇葩已经失传了。

元明以来的撮泡法

中国茶艺到了明代，可说是焕然一新。穷极工巧的龙团凤饼茶为条形散茶所替代，碾磨成末冲点而饮变成沸水直接冲泡散茶而饮，开创了撮泡法的先河。明诗人郭元登《西屯女》有句："解鞍系马庭前树，我向厨中泡茶去。"《水浒传》第三回讲到，九纹龙史进来到渭州，只见一个小小茶坊，正在路口，便入茶坊里来。茶博士问道："客官吃甚茶?"史进道："吃个泡茶。"茶博士点个泡茶，放在史进面前。

明代撮泡法的推行，首先得力于明太祖朱元璋对贡茶制度的改革。明洪武二十四年（公元1391年），明太祖朱元璋为减轻茶户劳役，下诏令"岁贡上供茶，罢造龙团，听茶户惟采芽茶以进。"这里所说的"芽茶"，实际上就是唐宋时代已经有的"草茶""散茶"。这种茶虽在唐宋时不入品号，但由于制作简易，又具有茶的原汁原味，到元时，在民间已被当作日常饮用茶。明太祖下诏贡茶也按散茶制作，这在茶叶采制上是一次具有划时代意义的改革。

明代这一改革，并非横空出世，而是经历了元代从团饼茶到散茶的重要过渡。元初马端临《文献通考》说："茗有片、有散，片者即龙团，旧法，散者则不蒸而干之，如今之茶也。始知南渡

之后，茶渐以不蒸为贵矣。”元代的贡茶，也是散、团并重，设御茶园于福建武夷九曲，制龙凤团茶上贡；而江浙湖州常州都有提举司所辖的茶园，“采摘芽茶，以贡内府”。

元代的饮茶风尚，同样是散、团并行，重散略团，具有过渡性的特点。元人王祯在《农书》中说到，当时茶分茗茶、末茶与腊茶三种，并详细记录了三种茶的饮用方法。腊茶是先用水微渍，去膏油，以纸裹槌碎，用茶钤微炙，然后碾罗煎饮，与宋代相似，但“此品惟充贡献，民间罕见之。”当时团腊茶仅作贡茶，此种腊茶的饮法也只在宫廷和上层官宦中流行。末茶饮法是“先焙芽令燥，入磨细碾，以供点试”，这早在唐代已有，元时已不多见，“南方虽产茶，而识此法者甚少”。茗茶则是采择嫩芽，先以汤泡去熏气，以汤煎饮之，“今南方多仿此”。忽思慧在《饮膳正要》中也说“清茶，先用水滚过摅净，下茶芽，少时煎成”。当时民间已普遍采制散茶，用清茶饮法。

明代散茶多采用炒青制法。明人张源《茶录》有“造茶”一节记之：“新采，拣去老叶及枝梗碎屑。锅广二尺四寸，将茶一斤半焙之，候锅极热，始下茶急炒，火不可缓。待熟方退炎，撤入筛中，轻团挪数遍。复下锅中，渐渐减火，焙干为度。中有玄微，难以言显。火候均停，色香全美，玄微未究，神味俱疲。”明人追求茶的真香原味，采摘茶叶不再是宋代的越细嫩越好，而是主张适度。“不必太细，细则芽初萌而味欠足；不必太青，青则茶已老而味欠嫩。须在谷雨前后，觅成梗带叶微绿色，而团且厚者为上。更须天色晴明，采之方妙。”（屠隆《茶说》）

明代的茶叶名品已全都是散茶，龙团凤饼彻底隐退茶坛。当时的名茶，许次纾《茶疏》有记：“江南之茶，唐人首称阳羡，宋人最重建州，于今贡茶，两地独多，阳羡仅有其名，建茶亦非最上，唯有武夷雨前最胜。近日所尚者，为长兴之罗芥，疑即古人顾渚紫笋也……歙之松罗、吴之虎丘、钱塘之龙井，香气浓郁并可雁行，与芥颉颃。往郭次甫亟称黄山，黄山亦在歙中，然去松罗远甚。往时士人皆贵天池。天池产者，饮之略多，令人胀满……浙之产，又日天台之雁宕、括苍之大盘、东阳之金华、绍兴之日铸，皆与武夷相为伯仲……往时颇称睦之鸠坑、四明之朱溪，今皆不得入品，武夷之外，有泉州之清源，倘以好手制之，亦是武夷亚匹。楚之产曰宝庆，滇之产曰五华，此皆表表有名，犹在雁茶之上。其他名山所产，当不止此。”屠隆《茶说》：“六安，品亦精，八药最效”，“天目，为天地、龙井之次，亦佳品也。”

明代泡茶法，虽比唐人煎茶、宋人点茶要简化便捷不少，不必再炙茶、碾茶、罗茶，但要泡好茶仍有许多讲究。仅以许次纾《茶疏》所述，撮泡法的要领有：

①火候。泡茶之水要以猛火急煮。明时多用木炭煮水，应选坚木炭，切忌用木性未尽尚有余烟的，“烟气入汤，汤必无用。”煮水时，先烧红木炭，“既红之后，乃授水器（即把水壶搁火上），仍急扇之，愈速愈妙，毋令停手。停过之汤，宁弃再烹。”

②选具。泡茶的壶杯以瓷器或紫砂为宜。“茶瓯古取建窑兔毛花者，亦斗碾茶用之宜耳。其在今日，纯白为佳，兼贵于小，定窑最贵，不易得矣。”茶壶主张小，人多、人少要有区别，“小则香气氤氲，大则易于散漫。大约及半升，是为适可。独自斟酌，愈小愈佳。”

③荡涤。泡茶所用汤铫壶杯要燥洁。“每日晨起，必以沸汤荡涤，用极熟黄麻巾帨向内拭干，以竹编架，覆而庋之燥处，烹

时随意取用。修事既毕，汤铫拭去余沥，仍覆原处。”放置茶具的桌案也必须干净无异味，“案上漆气食气，皆能败茶”。

④烹点。从汲水烧煮到冲泡、斟茶要次第有序。“未曾汲水，先备茶具。必洁必燥，开口以待。”泡茶时，“先握茶手中，俟汤既入壶，随手投茶汤，以盖覆定。三呼吸时，次满倾盂内，重投壶内，用以动荡手韵，兼色不沉滞。更三呼吸顷，以定其浮薄。然后泻以供客。则乳嫩清滑，馥郁鼻端。”次序应是：先秤量茶叶，待水烧滚后，即投茶于壶中，随手注水入壶，先注少量水，以温润茶叶，然后再满注。第二次注水要“重投”，即高冲，以加大水的冲击力。

⑤饮啜。细嫩绿茶一般冲泡三次。“一壶之茶，只堪再巡。初巡鲜美，再则甘醇，三巡意欲尽矣。”第三巡茶如不喝，可以留着，饭后供啜嗽之用。

自明以后的600多年，条形散茶撮泡法的基本格局未变。不过随着红茶、乌龙茶、白黄茶等多种茶类的创制，又出现了丰富多彩的啜饮方式。

中国茶的喝饮方式，从总体上说是经历了煎煮、冲点和撮泡三个阶段。日本茶人冈仓天心以艺术分类的术语，分别称为茶的古典派、茶的浪漫派和茶的自然派，倒也十分贴切。

第二十六章
茶的冲泡品饮和茶艺

中国茶叶传统泡饮法

茶馆老板应当了解各种茶的冲泡方法，以便向顾客进行介绍，给人留下一个行家形象。

中国茶品繁多，冲泡方法不一，茶馆老板应当学习一些，对经营有帮助和促进作用。

一、古代茶叶冲泡法

1. 煮茶法

直接把茶放在锅中煮熟，是中国古代最原始古老的方法，在唐代以前使用广泛，根据陆羽《茶经》中记载：先将饼茶研碎待

用。然后开始煮水。以精选佳水置釜中，以炭火烧开。但不能全沸，加入茶末。茶与水交融，二沸时出现沫饽，沫为细小茶花，饽为大花，皆为茶之精华。此时将沫饽杓出，置熟盂之中，以备用。继续烧煮，以便使茶水进一步融合，达到三沸。这个时候，就可以将二沸时盛出之沫饽浇烹茶的水与茶，按照品饮人数的多少，酌情加减。等待茶汤煮完毕后，再均匀地斟入各人碗中，即可自在品饮了。

2. 点茶法

点茶法在宋代时候是最为盛行的，不需要直接熟煮茶叶，可以拿一些饼茶来，先将其碾碎后，放到碗里，再在锅里盛水烧开，等稍微水沸初漾的时候，就可以往碗里的茶末“点茶”了。在点茶的时候，可以借用“茶筅”来完成，这种茶筅主要的作用就是打茶，它们有的是用金、银、铁为材料制作的，但一般平民所用的是用竹子做的。爱茶者则美其名曰：搅茶公子。当水被冲到茶碗的时候，需要用茶筅大力搅动，这样，茶水和茶沫互相交融，沫饽泛动，宛如堆云积雪一般，沫饽的多少，以及出现的快慢，以及水纹的情况都是评定茶品好坏的标准。至于沫饽很洁白而且水脚晚露不散者是最好不过的。因为有茶乳融合其中，浑然一体，因此显得韵味十足。茶汁非常浓稠，一饮而下，碗中依然胶着，这种现象就是人们所说的“咬盏”。

3. 点花茶法

是明代朱权等首创的，可以将梅花、桂花、茉莉花未放的蓓蕾，直接将其放在碗中，静看热茶之中水气升袅，不但在视觉上可以品赏茶汤催花绽放的美感，又闻到花香茶香融合的无限意味，舌尝茶和花的无限甘甜，得到一种无上的快乐情调。与这种点花茶法相类似的则是毛茶法，直接在茶中加一些干果，用热水加以点泡，可以先吃干果再饮茶，同样得到多种滋味的享受，感觉丰富，非同一般。

二、绿茶的冲泡品饮

先洗净茶具，是第一步，用无色透明玻璃杯冲泡茶叶是最合适的，可以充分欣赏和感受名贵绿茶的外形和内质。

品茶前，可以细细观看茶叶的动态和形态，以及茶的色泽和形状。因为茶叶品种不同，或条、或扁、或螺形、或针形，或碧绿、或深绿、或黄绿、或白毫，颜色不一，茶叶和茶具和谐结合，动静相生，是赏茶的主要内容。

可以采用上、中两种投茶法，这是绿茶冲泡经常采用的方式。“龙井”“碧螺春”等外形紧结重实的名茶，可以使用上投法。先将85～90℃的沸水冲入洗净的茶杯里，然后投茶叶，稍许，就可看到茶叶在水中缓慢舒展、游动的形态和神韵。隔着杯壁，对着阳光，游动的茶叶茸毫闪闪发光，星斑点点，更有神采。

“黄山毛峰”等茶条松展的名茶，则用中投法，其法是干茶入杯，冲入开水至杯容量1/3时，稍待2分钟，待干茶吸水舒展后再冲至满杯，进行观形观色，轻轻吹气。一俟茶汤凉至适口即可细品。品尝茶汤滋味，宜小口品啜，缓慢吞咽，让茶汤与味蕾充分接触，同时可以细细品香，品出名茶香气，这样才能有情有韵。一开茶后，饮至杯中茶汤尚余1/3时，继续加开水，称之为二开茶、三开茶。绿茶冲泡，一般以三开茶为佳，如果再饮，得重新加茶冲泡。

三、乌龙茶的冲泡品饮

乌龙茶冲泡品饮有其特色，“高冲、低斟、刮沫、淋盖、烫罐、热杯、澄清、滤尽”为其讲究的程序，它的冲泡程序多达十多道，各有艺术味极强的命名。主要有八道程序：一为白鹤沐浴，即用开水洗杯；二为观音入宫，即先提起开水壶，将茶壶、茶杯一一烫过，在小茶壶内放入半壶以上茶叶；三为悬壶高冲，即冲入滚沸的开水至壶口；四为春风拂面，即用壶盖刮去表面白沫，当即加盖保香，再用开水淋遍壶身，以加热保温；五为关公巡城，稍候片刻，按“低、快、匀、尽”要求，进入斟饮；壶嘴紧贴杯沿，迅速泻茶入杯为“快”，以便保温，“匀”指对着并排放置的茶杯采取一二三四、四三二一的方式巡回注入茶水，“关公巡城”即为美化之词，每个茶杯中的茶汤浓度均匀为要；六为韩信点兵，即“尽”，必须将茶水倒完，要一滴滴分斟茶杯中，“韩信点兵”即为另一种雅化；七为鉴赏汤色，注意先不要捧喝，中指托杯底，送至鼻端，看色闻香，使香沁肺腑；八为品啜甘霖，即举杯轻啜，让一品茶汤在嘴中回咂，以舌品味，体现茶韵悠远。

在冲泡饮用乌龙茶时，注意三个禁忌：一忌空腹饮用，容易翻肚欲吐，形成“茶醉”；二忌睡前饮用，容易造成兴奋失眠，夜不能寐；三忌冷饮，乌龙茶冷茶不利肠胃消化。按广东潮汕一带的风习，啜乌龙茶已成为习俗，男女老幼皆宜。啜乌龙茶最大的特色，是乌龙茶冲泡程序中艺术体味的浓郁，颇有文化情趣，蕴有诗歌一般的意境，啜茶者未曾品尝，已经倾倒，诗意美与环境美互为和谐，密不可分。

至于闽南人啜乌龙茶，方式与广东潮汕地区大致相同，台湾人啜乌龙茶亦与潮汕人相同，但有些操作程序略呈小异，如将乌龙茶泡好后，在斟入杯前，先把茶汤倾入到一个公道杯中，尔后倾茶闻香，再分别注入对应的茶杯，让人品味，茶性尤为隽永。

四、龙井茶的冲泡品饮

龙井茶的冲泡品饮也有一些讲究。适宜冲泡龙井茶的开水，温度最好控制在80℃左右，估计用水量以1克茶冲泡50～60毫升水为宜。一个200毫升容量的杯子，可以投放3克左右龙井茶。冲泡时，要注意先用少量开水冲入杯中，使茶叶得到湿润，令茶叶全面舒张，展开叶片，这样，茶叶的特质会全部沁透出来。此种方法叫作浸润泡。这个过程需10～15秒钟，再冲水至七分满。千万不要完全冲满。民间说，七分茶，三分情，所说的也有龙井茶所蕴含的独有情味。

五、普洱散茶的冲泡品饮

冲泡普洱散茶时，要注意它的外形条索肥硕，色泽褐红，尤

其是普洱沱茶，犹如碗状，所以要注意以下各项：将10克普洱茶，倒入茶壶或盖碗中，冲入500毫升沸水。将普洱茶表层的不洁物和异物洗干净，只有这样，普洱茶的真味才能散发出来。再冲入沸水，浸泡5分钟。将茶汤倒入公道杯中，再将茶汤分斟入品茗杯，先闻其香，观其色，尔后饮用。普洱茶也可以使用特制的瓦罐在火膛上烤，然后加盐进行饮用。

六、白茶的冲泡品饮

白茶制作过程中省略了揉捏与烘焙两道工序。在白茶的冲泡中，要慢慢观赏茶叶在汤水中沉浮、舒张叶片的过程，这是非常精美的。比如在冲泡白毫银针时，透过无色无花的直筒形透明玻璃杯杯壁，可全方位、多角度欣赏到杯中茶形色以及沉浮舒张的形姿神色，白毫银针外形似银针落盘，如松针铺地。将2克茶置于玻璃杯中，冲入70℃的开水少许，浸润10秒钟左右，随即用高冲法，同一方向冲入开水。静置3分钟后，即可饮用。这样，才能真正体味白茶特有的色、香、味，以及一种茶汤入喉的舒畅之感。

七、红茶的冲泡品饮

红茶的冲泡方法，可以用两种方法概括：一是清饮法，一是调饮法。清饮法就是将茶叶放在茶壶中，加沸水冲泡，然后注入茶杯中，以便品饮。红茶作为一种功夫茶，可以冲泡2～3次，不减其味，而红碎茶则不然，只能冲泡1次。所谓的调饮法，先将茶叶放入茶壶里，加沸水冲泡，然后将茶汁倒出，添加糖、柠檬汁、蜂蜜等，风味各异。这种调饮法适合于红碎茶的袋袋茶。这种茶的优点就在于茶汁浸出速度快，有更高的浓度，而且茶渣残留少。使用的茶壶以咖啡壶为最好。有一种台湾出产的泡沫红茶，冲泡后茶叶中形成泡沫，非常漂亮，颇有赏心悦目之感。

八、花茶、紧压茶的冲泡品饮

花茶的冲泡适合用玻璃杯，因为玻璃杯透明，所冲泡的花茶的颜色形态能一览无余地体现出来，给人一种视觉的享受。茶与水的比例以1：50为好。茶水温度以75℃为宜。冲泡时间为3～5分钟，可以冲泡2～3次。玻璃杯中花茶会慢慢舒展，朵朵直立，上下沉浮，翩翩起舞如仙，尤以特级茉莉毛峰茶更为突出，泡好后，先闻香，再品味，精神为之一振。冲泡中低档花茶，闻香品味，可以用白瓷杯或白瓷壶，水温100℃为宜。冲泡至5分钟后就可以了。这种花茶冲泡法各有地方特色，在四川，在北方，都有不同的情味。也可以用茶壶共泡分饮法完成。

紧压茶的冲泡要注意，那种砖茶，得先捣碎，要放在铁锅或者铁壶中烹煮。一边煮，一边搅，以便茶汁充分溶入茶水中。另外，这种砖茶需要用调饮法，加入糖、蜂蜜等，味道尤佳。

九、盖碗茶的冲泡品饮

冲泡盖碗茶也有一些讲究。冲泡盖碗茶一般说来，分五步进行：

第一步是净具。先以温水将茶碗、碗盖和碗托清洗干净，待用。

第二步投茶。视盖碗大小，一般置茶 2～3 克。适用沱茶、花茶，或者各种名优绿茶品种。

第三步沏茶。适用于沸水冲泡，冲水至茶碗七八分满时，盖好碗盖，待茶汁添入，茶香逸出。

第四步闻茶。冲泡茶水 3～4 分钟，茶汁浸出时，茶香逸出，左手提起碗托，右手掀盖，闻香，沁人心脾。

然后是品尝。将茶汤面上漂浮的茶片，用碗盖刮去，将茶汤徐徐送入口中，细咽慢品。

十、茶叶冲泡对水的要求

中国茶叶在冲泡时对水的要求，要注意以下几点：

首先水要甘而洁；其次是水要活而鲜；然后是贮水要得法，三者缺一不可。泡茶用水，用天然水最好。天然水，顾名思义就是泉水（山水）、溪水、江水（河水）、湖水、井水、雨水、雪水等。但是不能用瀑布水冲泡。陆羽《茶经》说，用瀑布水冲饮，易生颈疾。

泡茶宜选软水或暂时硬水最为适宜。在天然水中，雨水和雪水属软水，溪水、泉水、江（河）水属暂时硬水，部分地下水为硬水，蒸馏水为人工软水。在冲泡时，要分清它们的区别，以便茶水冲泡得更为得法。

还有一个就是泡茶水温的问题，大家知道，用刚煮沸起泡的水泡茶，茶汤香味最好，冲泡高级绿茶，特别是芽叶细嫩的名绿茶，要用80℃左右的沸水。“乌龙茶”“普洱茶”和“沱茶”，必须用100℃的沸水。边陲少数民族饮用“紧压茶”，将砖茶敲碎熬煮。这种水温的要求，对冲泡茶叶来说，是尤为重要的，茶水的水温不达要求，茶汁浸不出来，在品饮时会达不到应有的效果，反而造成茶叶的浪费。

冲泡茶叶对茶具的要求

古人曾经这样说，“水为茶之母，壶是茶之父”。要冲泡质地最好的香茶，最好要达到茶、水、火、器四个方面的配合和谐，因此对茶具的讲究就更加严格了，好的茶具能有助于提升茶叶的色、香、味。茶叶的美和茶具的美，相映成趣，成为最有欣赏价值、更富有文化艺术味道的东西。

在冲泡茶叶的时候，要求在选配茶具上，因地制宜，因材用器。由于我国幅员辽阔，各地的饮茶习俗迥然有异，茶叶品种繁多，所以，针对各种茶品，使用各有特色的茶具。比如，在福建及广东潮州、汕头等地，人们使用小杯啜乌龙茶，已经成为风行的习俗，所以，当地将潮汕风炉、玉书碨、孟臣罐、若琛瓯泡茶等誉为“烹茶四宝”，显示一方的偏爱，体现茶叶鉴赏的无限之美。在冲泡茶叶的时候，强调茶具的一种雅致之美。历代的文人墨客常常将茶具的雅致与茶叶的冲泡品饮结合起来，体现一种精神的境界。宋代文学家苏东坡在江苏宜兴讲学时，使用一种有提梁的紫砂壶，“松风竹炉，提壶相呼”，自己设计，自己品赏。在冲泡的时候，因年龄不同，老人喜欢用茶壶泡茶，青年人用茶杯来冲泡，也体现不同的人生感受。在冲泡各种品类的茶叶时，大多是因茶品而异，以最合适为上。比如，一些茶壶，便于饮用花茶，保持香气的留存，先用壶泡好再斟到瓷杯里面，细细享用。一些有盖的茶壶，则用来泡制红茶和绿茶最为合适。在饮用乌龙茶的时候，则用紫砂茶壶冲泡最好。红碎茶与工夫红茶的冲泡饮用，则以瓷壶或紫砂壶为最上品。泡好茶叶后，可以以白瓷杯承接茶汤。一些透明的玻璃杯和白色瓷杯，则是品饮西湖龙井、洞庭碧螺春、君山银针、黄山毛峰等细嫩名优绿茶的好器具。

无论是何种品类的茶叶，在冲泡时对茶具是很有讲究的。这些泡茶器具，包括茶壶、茶杯、茶碗、茶盘、茶盅、茶托等饮茶用具。无论使用何种茶具，均宜小不宜大。太大了，就失去品饮的味道了。茶具的好坏有着其独特的标准，实用价值是首先要考虑的。其次容积和重量的比例恰当、提携方便、壶盖的周围合缝、壶嘴的水流畅、色彩和图案等等，都是和谐的总体。茶具的美观和实用融洽的结合，给人一种品尝艺术文化美的价值。在冲泡茶叶时，要考虑冲泡的容量。绿茶和红茶每杯放 3 克即可，再加水 150～200 毫升。“普洱茶”“乌龙茶”的冲泡，可以在每杯中加茶叶 5～10 克，如用茶壶冲泡，则按茶壶容量大小适当掌握，不可比例失调。

中国饮茶文化品味

一、传统饮茶的演变史

中国饮茶历史的演变，主要分为四个阶段：生吃药用、熟吃当菜、烹煮饮用、冲泡饮用。生吃药用，起于原始社会，生吃野生茶树的鲜叶，可以药用，或许是无意中的发现，或许是神农尝百草的功德。在原始社会，人类在山野狩猎动物和寻找植物作为食品时，发现茶的功效，是顺理成章的。至于熟吃当菜，现在在一些少数民族地区也经常见到，我国西南边境的傣族、哈尼族、景颇族的日常生活中，都有把鲜叶加工成“竹筒茶”后当菜吃的情形，他们的方式主要是将鲜叶经日晒或放在锅里蒸煮，使叶子变软；放在竹帘上搓揉，然后装进竹筒里用木棒舂实，筒口用竹叶塞住，将竹筒倒放，使茶汁沥出，然后封住筒口。茶叶在筒里缓慢发酵，两三个月后取出，发现茶叶变黄，茶叶晒干，加香油浸泡，作为蔬菜食用，味道非常独特，为最爱吃的食品。倘若制作筒茶，遇到下雨时无法晒干鲜叶，就把摊晾过的叶子压紧在瓦罐里，可以制作“腌茶”直接食用，食用时不用烹煮。“腌茶”和食用“腌茶”，在云南蔚然成风。

烹煮方式中，“焙茶”最古老最原始。在云南南部佤族和傣

族，“焙茶”也经常饮用。取一芽四五叶的嫩芽，直接采下，加于火上烘烤到焦黄色时，即可放进茶壶内煮饮。

《华阳国志》中说，周武王伐纣时，巴蜀诸国就把茶叶作为贡品，奉献周天子，此贡品也常被帝王赐予臣僚。

“秦人入蜀，始知茗饮事”和“茶起于汉前，而盛于汉后”，则是饮茶的起源。赵飞燕梦见武帝赐茶亦成趣谈。

至于冲泡饮用，在唐代盛行蒸青团饼茶，到了明代则用青散茶。饮用烹煮方法演变为冲泡方式，是划时代的。

用散茶冲泡的方式，应当属于清饮，不需要添加任何香料或食品，这叫作“点茶”，冲泡茶水时，“凤凰三点头”的动作非常典雅，这动作可使茶叶在水中上下翻滚，让茶味充分溶入水中。

茶从药用变成饮料，是在西汉时期形成的，王褒在《僮约》中就写道：“烹茶，尽具，已而盖戻”之句，可见当时煮茶的环境。在三国的时候，江南一带就已经形成饮茶的习惯。孙皓每年举行宴会时，必须让臣下饮酒，不管能饮与否，必须饮上七升，有个叫韦瞿的，不善饮酒，孙皓就让他以茶代酒。魏晋南北朝时期，一些士大夫以饮茶为乐事和雅事。比如，谢安去吴兴太守陆纳那里，主人待之以茶果，而不以酒待之；南朝的吴济道，也以茶孝奉新安王子鸾和豫章王子尚。从此可以探知，在当时，饮茶已经成为时尚，为社交礼仪的必需。当时，一些饮茶的诗词歌赋也相继出现。

中国饮茶在唐朝已经非常兴盛了，一些大城市有专门的茶叶出售，茶馆茶店也大行其道，秦岭淮河以南各地都有茶叶出产，江淮一带出产的茶叶为最多，车载船运堆积如山。唐代诗人写茶的诗作有许多名篇佳名。陆羽被称为茶圣，著有《茶经》，是世界上第一茶书，影响遍及全球。

中国历来有“茶兴于唐，盛于宋”之说。进入宋朝后，茶更成为人民生活的必需品。王安石在《论茶疏》中说：“茶之用，等于米盐，不可一日无。”由此可见“柴米油盐酱醋茶”的缘由。宋代的名茶品种更多，有数十种，蔡衷也著有《茶录》一书，其地位与陆羽的《茶经》不相上下。

中国茶叶发展到明朝，在制作中出现了炒青工艺，刻意追求茶叶特有的造型美，并与香气和滋味相得益彰。绿茶、青茶、黑茶和白茶的分类比较完整系统。饮茶中改煮茶为冲泡方式在明朝已经形成。沈德符在其所著《万历野获编》载有："惟取初萌之精者，汲泉置鼎，一瀹便啜，遂开千古茗饮之宗。"使饮茶从繁琐的制作中脱离，茶的天然滋味更为浓郁，茶叶生产更为多元。宜兴的紫砂壶也应运而生，为人赏玩品味，使茶文化精神更为浓厚。

到了清朝，红茶制作率为先声，首创于道光末年，福建崇安区某茶馆的青茶积压发酵，变成黑色，发出特殊的气味，店主赶忙把茶叶烘干，运入福州托洋行试销。不料这种变了形态的茶叶，居然以汤红味香受到外国人喜爱，争购者络绎不绝，从此红茶闻名遐迩，"功夫红茶"也应运而生。"龙井""碧螺春""蒙顶茶""六安瓜片"等享誉中外的高级名茶都流行于此时。至此，中国茶叶体系日趋完整。

二、烹茶饮茶的美好韵味

所谓的茶叶之美首先在茶品。譬如茶道，要领略其中的美，就需要有好茶，中国出产的茶叶，品种最多，名茶层出不穷。在唐代，以阳羡茶和顾渚紫笋茶为贵；宋代建安团茶（北苑茶）盛行；明朝有虎丘茶、天池茶、阳羡茶、六安茶、龙井茶、天目茶为名茶佳品。清代绿茶、红茶、花茶、乌龙茶、白茶、紧压茶种类，已经定型。一般来说，北方人爱喝花茶，江南人多喝绿茶，粤闽一带则好乌龙。春喝绿，冬喝红，已经成为特有的民俗。

茶品各异，风韵不同，在用水泡茶时，深有讲究，"茶者水之神，水者茶之体，非真水莫显其神，非精茶易窥其体。"表明茶的色、香、味体现于好水之中。茶圣陆羽在《茶经》中说："其水用山水上，江水中，井水下。"则成为人们的共识。

品水标准强调品质与水味。水质在于清、活、轻。水味强调甘洌（即清冷）。这种说法是在唐太宗时就已经形成的。宋徽宗赵佶《大观茶论》中言道："水以清、轻、甘、洁为美。轻甘乃为自然，独为难得。"则是这种说法最突出的文字依据。

烹茶讲究火候，这是人们的共识。火候与汤候，是最重要的方面。所谓火候是指煮水的火力。煮水煎茶，陆羽认为用炭火最好，《茶经》中说："其火用炭，次用劲薪。"煎水（煮水）达到

什么样的程度，也就是"汤候"。水沸时，沸泡的多少和大小，或是水沸时的声响如何，都是汤候的标准。陆羽的《茶经》中，"五之煮"详细记录"汤候"中的"三沸"。"其沸如鱼目微有声，为一沸；缘边如涌泉连珠，为二沸；腾波鼓浪为三沸。"田芝衡在《煮茶小品》表明："汤嫩茶力不足，过沸则水老而茶乏，唯有花而无衣，乃得点泡之候耳。"表明过头或不及者（即老、

嫩）都不宜冲泡茶的。

茶叶和水的融和过程，美感无穷。

品茶当然要讲品质和造型都优良的茶具，茶具不仅可以把玩，而且能保持茶的浓香醇味。陆羽在《茶经》中说“口唇不卷，底卷而浅”，意为盏沿不外翻，稍有内敛，底稍外翻，盏不宜深，就是好茶具的标准体现。宋代“斗茶”必用通体黑釉的建盏，与雪白的汤花结合，对比鲜明和谐至美。明代江苏宜兴的紫砂壶，能达到“能发真茶之色香味”的情韵。文震亨在《长物志》中说：“茶壶以砂者为上，盖既不夺香，又无熟汤气。”紫砂壶当属中华茶具的名品佳作。

品茶需要讲究环境和谐，无论林荫之下，茶园之中，寺庙之间，小榭山亭，品茶都皈依自然天性。古人品茶有专门的茶室，煎茶、品茶、读书全在此间。对茶室的讲究在《长物志》卷中可略见一斑：“构一斗室，相傍山斋，内设茶具，教一童专主茶役，以供长日清淡，寒窗兀坐，幽人首务，不可少废者。”雅室、茶具、茶座，是使自己成为“幽人”的基本条件，茶室之雅之美在于幽寂清静、文化旨味情韵和景致结合得十分和谐。

历代文人墨客诗圣诗仙，都留下咏茶的佳句：“茗生此中石，玉泉流不歇。根柯洒芳津，采服润肌骨”，这是李白游湖北当阳玉泉山，称赞形如手掌的仙人掌茶的佳作，从此开创了茶诗的先河。陆游有320多首咏茶诗作，是写茶最多的诗人。苏轼云：“上茶妙墨俱香，是其德也；皆坚，是其操也。”郑板桥啜茶之余画竹石，“茅屋一间，新篁数竿”，“一盏雨前茶，一方端砚石”体现茶趣。曹雪芹的《红楼梦》统计，有600余处写茶事，茶味和诗味贯穿始终。

茶作为中国传统文化的集中体现，旨在弘扬人与自然的协调、统一、和谐，这是真正的生命境界与“天人合一”“物我两化”相互结合，成为引入茶道文化的精髓。茶圣陆羽，在《茶经》中，尽力体现制茶、烹茶、品茶的艺术情味，体现其文化与精神内涵。在烹茶中，水、火、风的契合，是和谐的。难怪茶圣陆羽说：“华之薄者曰沫，厚者曰饽，细轻者曰花。如枣花漂漂然于环池之上，又如回潭曲渚青萍之始生，又如晴天爽朗有浮云鳞然。其沫者，若绿钱浮于水渭，又如菊英堕于尊俎之中，重华累沫，皤皤然若积雪耳。”在烹制、冲泡品茗或奉茶之中使情景合一，把个人融于大自然之中。茶汤本性的清净纯洁也从中得到体现。

三、饮茶中的分茶和斗茶

关注中国茶叶文化的人，对宋朝时期的斗茶形式也要关注。“斗茶”的另一个名称叫作“茗战”，是宋徽宗赵佶最喜欢的一种宫廷娱乐活动。他写了《大观茶论》，对斗茶是这样介绍的：“天下之士励志清白，竟为闲暇修索之玩，莫不碎玉锵金，啜英咀华，较筐荚之精，争鉴裁之别”。宋代人饮茶，最盛行的方式就是“末茶法”，将茶末放入水中，将沸水注入盏内茶末之中，这个过程也叫作点茶。经过点茶后，根据浮于茶汤的泡沫的众寡，可以决出点茶的技艺优劣与茶末的品质高下，泡沫多者为上品，否则即为劣品。最初的“斗茶”就是这种形式，类似于赌博，比较有随意性，茶盏一般为深色，便于看清泡沫的多少，以供决断。在古代，斗茶又叫茶百戏、汤戏，或者叫茶戏等等。

这种斗茶的形式，最早是在北宋初期开始的，在北宋陶谷《清异录》中可以看到这样的记录：“近世有下汤远匙，别施妙

诀，使汤纹水脉成物象者。禽兽虫鱼花草之属，纤巧如画，但须臾即散灭，此茶之变也，时人谓之茶百戏。”著名爱国诗人陆游的《临安春雨初霁》曾经这样作诗描述：“矮低斜行闲作草，晴窗细乳戏分茶”，可见当时的文人生活是把斗茶当作一种极为风雅的事情。作为一种品茶饮茶艺术，作为一种沏茶方式，斗茶也是一种群体的娱乐活动。正因为斗茶需要在瞬间呈现汤花丰富变幻的现象，所以在分茶中需要一些高超的水准，一种是“搅”，一种是“点”的方式，在茶汤的表面形成别致的汤花形象。点茶这种方式是宋代最时尚的沏茶形式，它的实质就在于注茶，其法就是以单手提执壶，将壶中的沸水由上而下直接注入，从而使茶末在茶盏内泛起一种美丽的形致。在注水的时候，因壶的高低，执壶手势的不同，以及水流的缓急等等，使茶汤表面的花纹形成各不相同的效果，所以，在注茶时首先强调一种技艺的高下，根据陶谷的说法，这也是一种很讲究的分茶之术，是“茶匠神通之艺”。

说到分茶，在宋代诗人杨万里的诗中，有非常细致的描写。他曾经在《澹庵坐上观显上人分茶》诗中将分茶写得非常生动形象，神情毕现："纷如擘絮行太空，影落寒江能万变。"茶汤表面上可以出现一些文字图案，让人称奇。才思敏捷的人，在分茶的时候，可以随口吟诗，比如，有一个名叫福全的佛门子弟，爱茶如命，喜欢在分茶上吟诗，每点一盏，就成诗一句，点完四盏，就吟成绝句一首，切情切景，非常雅致。他曾经一边注水分茶，一边吟诗作歌道："生成盏里水丹青，巧画工夫学不成。却笑虚名陆鸿渐，煎茶赢得好名声。"成为茶事和文学的佳话。

斗茶这种茶趣只有在团茶盛行的时候，才得以在民间蔚为风气。但是宋末后，散茶已经出现，茶类也得到了进一步的改制，炒青散茶占据了原来的龙凤团饼的地位，沏茶用的点茶法，逐渐被沸水冲泡茶叶的泡茶法所代替。宋朝之后也讲究另一种形式的斗茶，内容越来越繁琐，要求也越来越讲究，外形、汤色、香气、滋味、叶底五大标准必不可少。在现代，已经没有宋代的那种点茶的形式，但所斗的形式也赋予了全新的内容，在茶的外形上可以因品种而异，各有高下。比如西湖龙井是扁形的，以翠绿为上；毛峰茶要求毛茸越多越好，选料精，茶叶完整。整体造型要有特色。一些茶摆成菊花状（如君山银针），有的茶制成螺丝状（如碧螺春），或者根根像针，或为珠茶，呈圆形，则是优胜者。从香气上评判斗茶时，要求香气浓不浓，持久与否。在中国，茶叶品种多，类型不一，有花香、板栗香型，以致形成香味的化学成分有两三万种之多，根据品茶人的爱好，各取所需。所以斗茶又赋予了新的意义。

四、茶令：茶叶品饮的又一雅致

中国茶酒文化，各有千秋，茶令如同酒令，是在席间饮茶助兴作乐的雅致，显得文采风雅，急智风流，它最早是在我国的江南一带开始盛行起来的。有关它的文字记载，可以在《中国风俗辞典》找到详细的记录："茶令流行于江南地区。饮茶时以一人令官，饮者皆听其号令，令官出难题，要求人解答或执行，做不到者以茶为赏罚。"

因此，茶令在茶宴上是必不可少的文化娱乐活动，茶令富有文学情趣，也含有清雅高逸的意境。在南宋时，著名的文士王十朋，身为龙图阁学士，非常喜欢茶令，他在散文中写道："余归，与诸子讲茶令，每会茶，指一物为题，各举故事，不通者罚"；在诗歌中这样描述："搜我肺肠著茶令"。李清照与赵明诚婚姻美满，互敬互爱，一边行茶令，一边品金石，雅趣无限。李清照在她的《金石录后序》中记录两人在品评金石书画之余，以茶令为乐事的情景："性隅强记，每饭罢，坐归来堂，烹茶，指堆积书史，言某事在某书某卷第几页第几行，以中否决胜负，为饮茶先后。中即举杯大笑，至茶颠覆杯中，反不得饮而起。"夫妻两人各出茶令难倒对方，输者不能饮茶。考据历史记载，茶令应该比宋代盛行得更早一些，在唐代就已经存在着了，基本上是第一个出诗的首句，后来进行接续，三五诗友一边品饮，一边围坐联诗。最著名的是在唐朝开元年间，颜真卿、陆士修、张荐、李萼、崔万、皎然等僧俗雅士，在茶席中的品茗，随意之中成了一篇人间绝唱的茶令。

泛花邀坐客，代饮引情言。（士修）

醒酒宜华席，留僧想独园。（荐）

不须攀月桂，何假树庭萱。（萼）

御史秋风劲，尚书北斗尊。（万）

流华净肌骨，疏瀹涤心原。（真卿）

他们所吟出的茶令成为文学史上的佳话。

基本茶艺知识

一、茶艺的分类

我国地域辽阔，民族众多，饮茶的历史悠久，各地的茶风、茶俗、茶艺繁花似锦，美不胜收。对于茶艺的分类目前尚无统一标准，一般可采取以人为主体分类、以茶为主体分类或以表现形式的不同来分类。

1. 以人为主体分类

以人为主体分类，即以参与茶事活动的茶人的身份不同进行分类，这样可分为宫廷茶艺、文士茶艺、民俗茶艺、宗教茶艺和休闲娱乐茶艺五大类型。

（1）宫廷茶艺

宫廷茶艺是我国古代帝王为敬神祭祖或宴赐群臣进行的茶艺，比较有名的有唐代的清明茶宴、唐玄宗与梅妃斗茶、唐德宗时期的东亭茶宴，宋代皇帝游观赐茶、视学赐茶，以及清代的千叟茶宴等，均可视为宫廷茶艺。宫廷茶艺的特点是场面宏大、礼仪繁琐、气氛庄严、茶具奢华、等级森严，且带有政治教育、文化导向等政治色彩。

（2）文士茶艺

文士茶艺是在历代儒士们品茗斗茶的基础上发展起来的茶艺。比较有名的有唐代吕温写的三月三茶宴，颜真卿等名士在月下啜茶联句，白居易的湖州茶山境会，以及宋代文人在斗茶活动中所用的点茶法、论茶法等。

文士茶艺的特点是文化内涵厚重，品茗时注重意境，茶具精巧典雅，表现形式多样，气氛轻松愉悦，常和清谈、赏花、赏月、抚琴、吟诗、联句、鉴赏古董字画等相结合，深得怡情悦心，修身养性之真趣。

（3）民俗茶艺

我国是一个有56个民族相依存的民族大家庭，各民族对茶虽有共同的爱好，但却有着不同的品茶习俗。就是汉族内部也是自古千里不同风，百里不同俗。在长期的茶事实践中，不少地方的老百姓都创造出了具有独特韵味的民俗茶艺。

如藏族的酥油茶、蒙古的奶茶、白族的三道茶、畲族的宝塔茶、布朗族的酸茶、土家族的擂茶、维吾尔族的香茶、纳西族的“龙虎斗”、苗族的油茶、回族的罐罐茶以及傣族和拉祜族的竹筒香茶等。

民俗茶艺的特点是表现形式多姿多彩，清饮混饮不拘一格，具有极广泛的群众基础。

（4）宗教茶艺

我国的佛教和道教与茶结有深缘，僧人道士们常以茶礼佛、以茶祭神、以茶助道、以茶待客、以茶修身，所以形成了多种茶艺形式。目前流传较广的有禅茶茶艺和太极茶艺等。宗教茶艺的特点是特别讲究礼仪，气氛庄严肃穆，茶具古朴典雅，强调修身养性或以茶释道。

（5）休闲娱乐茶艺

以茗茶、棋牌为主。

2. 以茶为主体分类

以茶为主体来分类，实质上是茶艺顺茶性的表现。我国的基本茶分为绿茶、红茶、乌龙茶（青茶）、黄茶、白茶、黑茶等六类，花茶和紧压茶虽然属于再制茶，但在茶艺中也常用，所以以茶为主体来分类，茶艺至少可分为八类。

3. 以表现形式分类

根据茶艺的表现形式可分为表演型茶艺和待客型茶艺两大类。

（1）表演型茶艺

表演型茶艺是一个或几个茶艺表演者在舞台上演示茶艺技巧，

众多的观众在台下欣赏。从严格意义上说，因为在台下的观众中只有少数几名幸运贵宾或许有机会品到茶，其余的绝大多数人根本无法鉴赏到茶的色、香、味、形，更品不到茶的韵，这种舞台式的表演称不上完整的茶艺，只能称为茶舞、茶技或泡茶技能的演示。但是，这种表演适用于大型聚会，在推广茶文化，普及和提高泡茶技艺等方面都有良好的作用，同时比较适合表现历史性题材或进行专题艺术化表演，所以仍具有存在的价值。

（2）待客型茶艺

待客型茶艺是由一个主人与几位嘉宾围桌而坐，一同赏茶、鉴水、闻香、品茗。在场的每一个人都是茶事活动的直接参与者，而非旁观者。每一个人都参与了茶艺美的创作。

作为一家茶馆，你可以独树一帜、专心经营一种茶艺，打造你的品牌，也可以兼容并包，满足各种需求，如隔成各种包间，分类经营。当然这得依据茶馆的规模、资源方向、个人喜好等各种条件来选择。

二、绿茶茶艺

1. 绿茶的冲泡

绿茶属不发酵茶，富含维生素 C 和氨基酸，特点是鲜爽、清香、色泽翠绿。冲泡绿茶就得把这些特点充分展示出来。泡茶水温、茶水比例、浸泡时间、茶具选择等都得把握得当。

（1）水温

古人对泡茶水温十分讲究，控制水温似乎是泡茶的关键。概括起来，烧水要大火急沸，刚煮沸起泡为宜，水老水嫩都是大忌。水温通过对茶叶成分溶解程度的作用来影响茶汤滋味和茶香。

绿茶用水温度，应视茶叶质量而定。高级绿茶，特别是各种芽叶细嫩的名绿茶，以80℃左右为宜。茶叶愈嫩绿，水温愈低。水温过高，易烫熟茶叶，茶汤变黄，滋味较苦；水温过低，则香味低淡。至于中低档绿茶，则要用100℃的沸水冲泡。如水温低，则渗透性差，茶味淡薄。

高级绿茶所用80℃的水温，通常是指将水烧开后再冷却至该温度。若是处理过的无菌生水，只需烧到所需温度即可。

(2) 茶叶的用量

茶叶的用量并没有统一标准，视茶具大小、茶叶种类和个人喜好而定。一般来说，冲泡绿茶，茶与水的比例大致是1：50～1：60。严格的茶叶评审，绿茶是用150毫升的水冲泡3克茶叶。

(3) 茶具

冲泡绿茶，比较讲究的可用玻璃杯或白瓷盖碗。普通人家使用的大瓷杯和茶壶，只适于冲泡中低档绿茶。

玻璃杯比较适合于冲泡名茶，如西湖龙井、碧螺春、君山银针等细嫩绿茶，可观察到茶叶在水中缓缓舒展、游动、变幻。特别是一些银针类，冲泡后芽尖冲向水面，悬空直立，然后徐徐下沉，如春笋出土，似金枪林立。上好的君山银针，可三起三落，极是美妙。所以一般茶馆，多使用玻璃杯冲泡绿茶。

古人使用的是盖碗。相比于玻璃杯，盖碗保温性好一些。一般来说，冲泡条索比较紧结的绿茶，如珠茶、眉茶，用好的白瓷，可充分衬托出茶汤的嫩绿明亮，且盖碗比较雅致，手感触觉是玻璃杯无法比拟的。此外，由于好的绿茶不是用沸水冲泡，茶叶多浮在水面，饮茶时易吃进茶叶，如用盖碗，则可用盖子将茶叶拂至一边。

总的来说，无论是玻璃杯还是盖碗，均宜小不宜大。大则水多，茶叶易老。

（4）冲泡方法

①备具：根据品饮人数准备好饮茶杯碗以及茶罐、茶则、茶匙、赏茶盘、茶巾以及烧水壶。

②赏茶：倾斜旋转茶叶罐，将茶叶倒入茶则。用茶匙把茶则中的茶叶拨入赏茶荷，欣赏干茶成色，嫩匀度，嗅闻干茶香气。

③温杯：用开水将茶杯烫洗一遍，提高杯温，在冬天尤显重要，利于茶叶冲泡。

④置茶：冲泡绿茶的茶杯一般容量为150毫升，用茶量在3克左右。用茶匙将茶叶从赏茶盘或茶则中均匀拨入各个茶杯内。

⑤浸润泡：提壶将水沿杯壁冲入杯中，水量为杯容量的1/4或1/3，使茶叶吸水舒张，便于茶汁渗出。约30秒后开始冲泡。

⑥冲泡：用“凤凰三点头”法，冲入杯内至总容量的七成左右，意为“七分茶、三分情”。经过三次“高冲”，使杯内茶叶上下翻动，杯中上下茶汤浓度均匀。另一方面表示礼节，对客人到来以示欢迎。冲泡过程中，要求水壶高悬，使水流有冲击力，并有曲线的美感。

⑦奉茶：冲泡后尽快将茶递给客人，以便不失时机闻香品尝。为避免茶叶过长浸泡在水中，失去应有风味，在第二、第三泡时，可将茶汤倒入公道杯中，再将茶汤低斟入品茶杯中。

⑧品饮：一般是先闻香，再观色、啜饮。饮一小口，让茶汤在嘴内回荡，与味蕾充分接触，然后徐徐咽下，并用舌尖抵住齿根并吸气，回味茶的甘甜。品饮绿茶时不必如品工夫茶时，发出“啧啧”称道的声音。

2. 绿茶茶艺表演

表演用具：玻璃茶杯若干，香 1 支，白瓷茶壶 1 把，香炉 1 个，脱胎漆器茶盘 1 个，开水壶 2 个，锡茶叶罐 1 个，茶巾 1 条，茶道器 1 套，绿茶每人 2 ~ 3 克。

基本程序：绿茶程序解说。

1. 点香焚香除妄念	7. 泡茶碧玉沉清江
2. 洗杯冰心去凡尘	8. 奉茶观音捧玉瓶
3. 凉汤玉壶养太和	9. 赏茶春波展旗枪
4. 投茶清宫迎佳人	10. 闻茶慧心悟茶香
5. 润茶甘露润莲心	11. 品茶淡中品致味
6. 冲水凤凰三点头	12. 谢茶自斟乐无穷

第一道：点香焚香除妄念

俗话说：“泡茶可修身养性，品茶如品味人生。”古今品茶都讲究要平心静气。“焚香除妄念”就是通过点燃这支香，来营造一个祥和肃穆的气氛。

第二道：洗杯冰心去凡尘

茶，至清至洁，是天涵地育的灵物，泡茶要求所用的器皿也必须至清至洁。“冰心去凡尘”，就是用开水再烫一遍本来就干净的玻璃杯，做到茶杯冰清玉洁，一尘不染。

第三道：凉汤玉壶养太和

绿茶属于芽茶类，因为茶叶细嫩，若用滚烫的开水直接冲泡，会破坏茶芽中的维生素并造成熟汤失味，只宜用 80℃ 的开水。“玉壶养太和”是把开水壶中的水预先倒入瓷壶中养一会儿，使水温降至 80℃ 左右。

第四道：投茶清宫迎佳人

苏东坡有诗云：“戏作小诗君勿笑，从来佳茗似佳人。”“清宫迎佳人”就是用茶匙把茶叶投放到冰清玉洁的玻璃杯中。

第五道：润茶甘露润莲心

好的绿茶外观如莲心，乾隆皇帝把茶叶称为“润心莲”。“甘露润莲心”就是在开泡前先向杯中注入少许热水，起到润茶的作用。

第六道：冲水凤凰三点头

冲泡绿茶时也讲究高冲水，在冲水时水壶有节奏地三起三落，好比是凤凰向客人点头致意。

第七道：泡茶碧玉沉清江

冲入热水后，茶先是浮在水面上，而后慢慢沉入杯底，我们称之为“碧玉沉清江”。

第八道：奉茶观音捧玉瓶

佛教传说中观音菩萨捧着一个白玉净瓶，净瓶中的甘露可消灾祛病，救苦救难。茶艺表演者把泡好的茶敬奉给客人，我们称之为“观音捧玉瓶”，意在祝福好人一生平安。

第九道：赏茶春波展旗枪

这道程序是绿茶茶艺的特色程序。杯中的热水如春波荡漾，在热水的浸泡下，茶芽慢慢地舒展开来，尖尖的叶芽如枪，展开的叶片如旗。一芽一叶的称为旗枪，一芽二叶的称为“雀舌”。在品绿茶之前先观赏在清碧澄净的茶水中，千姿百态的茶芽在玻璃杯中随波晃动，好像生命的绿精灵在舞蹈，十分生动有趣。

第十道：闻茶慧心悟茶香

品绿茶要一看、二闻、三品味，在欣赏“春波展旗枪”之后，要闻一闻茶香。绿茶与花茶、乌龙茶不同，它的茶香更加清幽淡雅，必须用心灵去感悟，才能够闻到春天的气息，以及清醇悠远、难以言传的生命之香。

第十一道：品茶淡中品致味

绿茶的茶汤清纯甘鲜，淡而有味，它虽然不像红茶那样浓艳醇厚，也不像乌龙茶那样岩韵醉人，但是只要你用心去品，就一定能从淡淡的绿茶香中品出天地间至清、至醇、至真、至美的韵味来。

第十二道：谢茶自斟乐无穷

品茶有三乐：一为独品得神。一个人面对青山绿水或高雅的茶室，通过品茗，心驰宏宇，神交自然，物我两忘，此一乐也；二为对品得趣。两个知心朋友相对品茗，或无须多言即心有灵犀一点通，或推心置腹诉衷肠，此亦一乐也；三为众品得慧。孔子

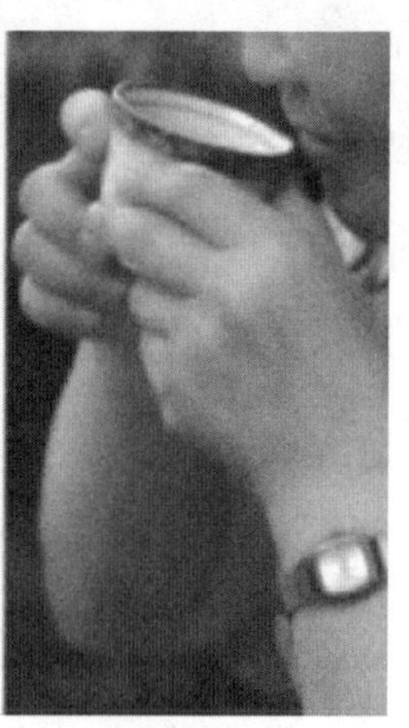

曰："三人行必有我师"，众人相聚品茶，互相沟通，相互启迪，可以学到许多书本上学不到的知识，这同样是一大乐事。在品了头道茶后，请嘉宾自己泡茶，以便通过实践，从茶事活动中去感受修身养性、品味人生的无穷乐趣。

3. 西湖龙井茶表演程式和解说词

西湖龙井茶是绿茶中最有特色的茶品之一，龙井茶以狮峰山、梅家坞、虎跑村、龙井村所产为最佳。

表演用具：优质龙井茶、透明玻璃杯、水壶、清水罐、水勺、赏泉杯、赏茶盘、茶匙、干净的硬币等。

第一道：初识仙姿

龙井茶外形扁平光滑，享有色绿、香郁、味醇、形美"四绝"之盛誉。优质龙井茶，通常以清明前采制的为最好，称为明前茶；谷雨前采制的稍逊，称为雨前茶，而谷雨之后的就非上品了。明人田艺衡曾有"烹煎黄金芽，不取谷雨后"之语。

第二道：再赏甘霖

"龙井茶、虎跑水"是为杭州西湖二绝，冲泡龙井茶必用虎跑水，如此才能茶水交融，相得益彰。

虎跑泉的泉水是从砂岩、石英砂中渗出，流量为43．2～86．4立方米/日。现在将硬币轻轻置于盛满虎跑泉水的赏泉杯中，硬币置于水上而不沉，水面高于杯口而不外溢，表明该水水分子密度高、表面张力大，碳酸钙含量低。请来宾品赏这甘霖清冽的佳泉。

第三道：静心备具

冲泡高档绿茶要用透明无花的玻璃杯，以便更好地欣赏茶叶在水中上下翻飞、翩翩起舞的仙姿，观赏碧绿的汤色、细嫩的茸毫，领略清新的茶香。冲泡龙井茶更是如此。现在，将水注入将用的玻璃杯，一来清洁杯子，二来为杯子增温。茶是圣洁之物，泡茶人要有一颗圣洁之心。

第四道：悉心置茶

“茶滋于水，水藉于器”。茶与水的比例适宜，冲泡出来的茶才能不失茶性，又充分展示茶的特色。一般来说，茶叶与水的比例为1：50，即100毫升容量的杯子放入2克茶叶。现将茶叶用茶则从茶筒中轻轻取出，每杯用茶2～3克。置茶要心态平静，茶叶勿掉落在杯外。敬茶惜茶，是茶人应有的修养。

第五道：温润茶芽

采用“回旋斟水法”向杯中注水少许，以1/4杯为宜。温润的目的是浸润茶芽，使干茶吸水舒展，为将要进行的冲泡打好基础。

第六道：悬壶高冲

温润的茶芽已经散发出一缕清香，这时高提水壶，让水直泻而下，接着利用手腕的力量，上下提拉注水，反复三次，让茶叶

在水中翻动。这一冲泡手法，雅称凤凰三点头。凤凰三点头不仅为了泡茶本身的需要，同时为显示冲泡者的姿态优美，更是中国传统礼仪的体现。三点头像是对客人鞠躬行礼，是对客人表示敬意，同时也表达了对茶的敬意。

第七道：甘露敬宾

客来敬茶是中国的传统习俗，也是茶人所遵从的茶训。将自己精心泡制的清茶与新朋老友共赏，别是一番欢悦。让我们共同领略这大自然赐予的绿色精灵。

第八道：辨香识韵

评定一杯茶的优劣，必从色、形、香、味入手。龙井是茶中珍品，素有“色绿、香郁、味甘、形美”四绝佳茗之称。其色澄清碧绿，其形一旗一枪，交错相映，上下沉浮。闻其香，则是香气清新醇厚，无浓烈之感，细品慢啜，体会齿颊留芳、甘泽润喉的感觉。

第九道：再悟茶语

绿茶大多冲泡三次，以第二泡的色香味最佳。因此，当客人杯中的茶水见少时，要及时为客人添注热水。龙井茶初品时会感清淡，需细细体会，慢慢领悟。正如清代茶人陆次之所说：“龙井茶，真者甘香而不洌，啜之淡然，似乎无味，饮过后，觉有一种太和之气，弥沦于齿颊之间，此无味之味乃至味也。为益于人不浅故能疗疾，其贵如珍，不可多得也。”品赏龙井茶，像是观赏一件艺术品。透过玻璃杯，看着上下沉浮的茸毫，看着碧绿的清汤，看着娇嫩的茶芽，龙井茶仿佛是一曲春天的歌、一幅春天的画、一首春天的诗，让人置身在一派浓浓的春色里，生机盎然，心旷神怡。

第十道：相约再见

鲁迅先生说过：“有好茶喝，会喝好茶，是一种清福。”今天我们能共饮清茶也是一种缘分。“一杯春露暂留客，两腋清风几欲仙”，愿有缘再次相聚。

三、乌龙茶茶艺

乌龙茶的品饮，以闽南人和广东潮汕人最为考究，因其冲泡时颇费工夫，亦称之为“工夫茶”。

乌龙茶冲泡温度以刚达到100℃的开水为宜。因泡饮乌龙茶用量较多，同时乌龙茶相对绿茶而言，茶叶较粗老，故应沸水冲泡。乌龙茶的冲泡程序之繁复考究，居六大茶类之冠。中国茶道表演，乌龙茶当是首选。在那缓慢的一道道程序中所感觉到的宁静安详，是其他茶类无法替代的。

乌龙茶茶艺一般有武夷茶艺、安溪茶艺、闽南工夫茶艺、潮州工夫茶艺、台式乌龙茶茶艺五种。

1. 武夷茶艺

武夷山人不但擅长种茶、制茶，更精于品茶。在挖掘继承古人煮茶、斗茶、鉴茶的基础上，把品茶和观景、赏艺融为一体，

整理总结出一套颇富雅兴的“武夷茶艺”，大大丰富了茶文化的内涵。其程序为二十有七，合三九之道：

第一道：恭请上座

客在上位，主人或侍茶者恭请客人就座。

第二道：焚香静气

焚点檀香，造就幽静、平和气氛。

第三道：丝竹和鸣

低播古典名乐，使品茶者进入品茶的精神境界。

第四道：叶嘉酬宾

出示武夷岩茶让客人观赏。叶嘉即宋苏东坡用拟人手法之岩茶代称，意为茶叶嘉美。

第五道：活煮山泉

泡茶用山溪泉水为上，用活火煮到初沸为宜。

第六道：孟臣沐霖

即烫洗茶壶。孟臣是明代紫砂壶制作家，后人把名茶壶喻为孟臣。

第七道：乌龙入宫

把乌龙茶放入紫砂壶内。

第八道：悬壶高冲

把盛开水的长嘴壶提高冲水，高冲可使茶叶翻动。

第九道：春风拂面

用壶盖轻轻刮去表面白色泡沫，使茶清新洁净。

第十道：重洗仙颜

用开水浇淋茶壶，既洗净壶外表面，又提高壶温。“重洗仙颜”为武夷山中一处摩崖石刻。

第十一道：若琛出浴

即烫洗茶杯。若琛为清初人，以善制茶杯而出名，后人把名贵茶杯喻为若琛。

第十二道：游山玩水

将茶壶底沿茶盘边缘旋转一圈，以刮去壶底之水，防其滴入杯中。

第十三道：关公巡城

依次来回往各杯中斟茶水。

第十四道：韩信点兵

壶中茶水剩少许后，则往各杯点斟茶水。

第十五道：三龙护鼎

即用拇指、食指扶杯，中指顶杯。此法既稳当又雅观。

第十六道：鉴赏三色

认真观察茶水在杯中上中下的三种颜色。

第十七道：喜闻幽香

即嗅闻岩茶的香味。

第十八道：初品奇茗

观色、闻香后，开始品茶味。

第十九道：再斟兰芷

即斟第二道茶。“兰芷”泛指岩茶。宋范仲淹诗有“斗茶香兮薄兰芷”之句。

第二十道：品啜甘露

细致地品尝岩茶，“甘露”泛指岩茶。

第二十一道：三斟石乳

即斟三道茶。“石乳”是元代岩茶之名。

第二十二道：领略岩韵

即慢慢地领悟岩茶的韵味。

第二十三道：敬献茶点

奉上品茶之点心。

第二十四道：自斟慢饮

任客人自斟自饮，尝用茶点，进一步领略情趣。

第二十五道：欣赏歌舞

茶歌舞大多取材于武夷茶民的活动。三五朋友品茶则吟诗唱和、谈古论今。

第二十六道：游龙戏水

选一条索紧致的干茶放入杯中，斟满茶水，仿若乌龙在戏水。

第二十七道：尽杯谢茶

起身喝尽杯中之茶，以谢山人栽制佳茗的恩典。

2. 武夷工夫茶艺

下面再介绍一下适合茶艺表演的十八道武夷岩茶工夫茶程序：

基本程序：

1. 焚香静气，活煮甘泉	10. 鉴赏双色，喜闻高香
2. 孔雀开屏，叶嘉酬宾	11. 三龙护鼎，初品奇茗
3. 大彬沐淋，乌龙入宫	12. 再斟流霞，二探兰芷
4. 高山流水，春风拂面	13. 二品云腴，喉底留香
5. 乌龙入海，重洗仙颜	14. 三斟石乳，荡气回肠
6. 玉液移壶，再注甘露	15. 含英咀华，领悟岩韵
7. 祥龙行雨，凤凰点头	16. 君子之交，水清味美
8. 龙凤呈祥，鲤鱼翻身	17. 茗茶探趣，游龙戏水
9. 捧杯敬茶，众手传盅	18. 宾主起立，尽杯谢茶

第一道：焚香静气，活煮甘泉

焚香静气，就是通过点燃这支香，来营造祥和、肃穆、无比温馨的气氛。希望这沁人心脾的幽香，使大家心旷神怡，也愿您的心会伴随这支悠悠袅袅的烟香，升华到高雅而神奇的境界。

宋代大文豪苏东坡是一个精通茶道的茶人，他总结泡茶的经验时说："活水还须活火烹。"活煮甘泉，即用旺火来煮沸壶中的山泉水。

第二道：孔雀开屏，叶嘉酬宾

孔雀开屏是向同伴展示自己的羽毛。孔雀开屏这道程序，是向嘉宾们介绍今天泡茶所用的精美的工夫茶具。

"叶嘉"是苏东坡对茶叶的美称，叶嘉酬宾，就是请大家鉴赏乌龙茶的外观形状。

第三道：大彬沐淋，乌龙入宫

时大彬是明代制作紫砂壶的一代宗师，它所制作的紫砂壶让历代茶人叹为观止，视为至宝，所以后人把紫砂壶称为大彬壶。大彬沐淋就是用开水浇烫茶壶，其目的是洗壶和提高壶温。

武夷岩茶属乌龙茶类，把武夷岩茶放入紫砂壶内称为乌龙入宫。

第四道：高山流水，春风拂面

武夷茶艺讲究“高冲水，低斟茶”，高山流水即茶艺表演者将开水壶提高，向紫砂壶内冲水，使壶内茶叶随水翻滚，起到用开水洗茶的作用。冲水时要沿着壶的边沿冲，以免冲破“茶胆”。

“春风拂面”是指用壶盖轻轻地刮去茶壶表面的白色泡沫，使壶内的茶汤更加清澈洁净。

第五道：乌龙入海，重洗仙颜

品武夷岩茶讲究“头泡汤，二泡茶，三泡、四泡是精华”。头一泡冲出的我们一般不喝，直接注入茶海。因为茶汤呈琥珀色，从壶口流向茶海好似蛟龙入海，所以称之为乌龙入海。

“重洗仙颜”本是武夷山中九曲溪畔的一处摩崖石刻，在这里寓为第二次冲泡。第二次冲水不仅要将开水注满紫砂壶，而且在加盖后还要用开水浇淋壶的外部，这样内外加温，有利于茶香的散发。

这道程序完成后，一般要根据茶的品种和当日的气温闷茶 1~1. 5 分钟。闷茶的时间太短，茶色浅味薄，岩韵不明显；闷茶的时间若太长，则“熟汤失味”，且茶味苦涩。

第六道：玉液移壶，再注甘露

冲泡武夷岩茶要具备两把壶：一把紫砂壶用于泡茶，称为“泡壶”或“母壶”；另一把容积相等的壶专门用于储存泡好的茶汤，称为“海壶”或“子壶”。把母壶中冲泡好的茶汤倒入子壶，称为玉液移壶。母壶中的茶水倒干净后趁热再冲水，称之为“再注甘露”。

第七道：祥龙行雨，凤凰点头

将海壶中的茶汤快速均匀地依次注入闻香杯中，称为“祥龙行雨”，取其“甘露普降”的吉祥之意。

当海壶中的茶汤所剩不多时则应将巡回快速斟茶改为点斟，这时茶艺表演者的手势一高一低有节奏地点斟茶水，形象地称之为“凤凰点头”，象征着向嘉宾行礼致敬。

有人将这道程序称为“关公巡城，韩信点兵”，但这样说刀光剑影、杀气太重，有违茶道以和为贵的基本精神。

第八道：龙凤呈祥，鲤鱼翻身

闻香杯中斟满茶后，将绘有龙图案的品茗杯倒扣在闻香杯上，称为龙凤呈祥。把扣合的杯子翻转过来，称为鲤鱼翻身。

中国古代神话传说：鲤鱼翻身越过龙门可化龙升天而去。我们借助这道程序，祝福大家家庭和睦，事业发达。

第九道：捧杯敬茶，众手传盅

捧杯敬茶是由茶艺表演者用双手把龙凤杯捧到齐眉高，然后恭恭敬敬地向左侧第一位客人行注目点头礼，并把茶传给他，客人接到茶后不能独自先品为快，而应当也恭恭敬敬地向茶艺表演者点头致谢，并按茶艺表演者的姿势依次将茶传给下一位客人，直到传到离茶艺表演者最远的一位客人为止。然后再从左侧依次传茶。通过捧杯敬茶，众手传盅，可使大家心贴得更近，感情更亲近，气氛更融洽。

当每位客人手中都得到一杯茶后，茶艺表演进入新的阶段。武夷工夫茶艺分为两个阶段，前九道程序是由茶艺表演者操作，为客人烧水、冲茶、斟茶、敬茶。从第十道程序开始，客人更直接参与茶事活动，宾主共同品茗赏艺。

第十道：鉴赏双色，喜闻高香

客人用左手将绘有龙凤图案的茶杯端稳，用右手将闻香杯慢慢提起来，使闻香杯中的热茶全部注入品茗杯中，随着品茗杯温度的升高，用热敏陶瓷烧制的乌龙图案会从黑色变成五彩色。这时要观察杯中的茶汤是否呈清亮艳丽的琥珀色。

喜闻高香，是武夷品茶中的头一闻，客人闻一闻杯底留香。第一闻，是闻茶香的纯度，看是否香高辛锐无异味。

第十一道：三龙护鼎，初品奇茗

用拇指、食指扶杯，用中指托住杯底的姿势来端杯品茶。这样拿杯既稳当又美观。三根手指寓为三龙。

初品奇茗是武夷山品茶三品中的第一品。茶汤入口后不要马上咽下，而应吸气，使茶汤在口腔中翻滚流动，让茶汤与舌根、舌尖、舌面、舌侧的味蕾都充分接触，以便能更精确地品悟出奇妙的茶味。初品奇茗主要是品这泡茶的火功水平，看有没有“老火”或“生青”。

第十二道：再斟流霞，二探兰芷

再斟流霞是指给客人斟第二道茶。《全唐诗·题武夷》中写道："只得流霞酒一杯，空中瑟鼓几时回。"流霞原是寓酒，但在斟武夷岩茶时，茶汤清亮艳丽恰似流霞在杯中晃动，所以我们借用流霞来赞美武夷岩茶的汤色。

宋代范仲淹有诗云："斗茶味兮轻醍醐，斗茶香兮薄兰芷。"兰花之香是世人公认的王者之香，二探兰芷是第二次闻香。客人可细细地对比看看那清幽、淡雅、甜润、悠远、捉摸不定的茶香是否比单纯的兰花之香更胜一筹。

第十三道：二品云腴，喉底留甘

"云腴"是宋代书法家黄庭坚对茶的美称。"二品云腴"即品第二道茶。二品主要是茶的滋味，看茶汤过喉是鲜爽、甘醇，还是生涩、平淡。

第十四道：三斟石乳，荡气回肠

"石乳"是元代武夷山贡茶中的珍品，后来用来代表武夷岩茶。三斟石乳表示斟第三道茶。荡气回肠是第三次闻香。品啜武夷岩茶，闻香讲究"三口气"，即不用鼻子闻，而是用口大口大口吸入茶香，然后像抽香烟一样，从鼻腔呼出，这样可以全身心地感受茶香，更细腻地辨别茶叶的香型特征。茶人们称这种闻香方法为"荡气回肠"。第三次闻香还在于鉴定茶香的持久性。

第十五道：含英咀华，领悟岩韵"含英咀华"指品第三道茶。通过品饮了头两道茶，茶的生涩感已消失，从第三道开始回甘。清代大才子袁枚在品饮武夷岩茶时说："品茶应含英咀华并徐徐咀嚼而体贴之。"其中"英"和"华"都是花的意思，含英咀华就好像嘴里含着小花一样慢慢咀嚼，细细回味，只有这样才

能领悟到武夷岩茶的香清甘活、无比美妙的岩韵。

第十六道：君子之交，水清味美

“君子之交淡如水”，而那淡中之味恰似喝了头三道浓茶之后，再喝一口白开水。喝这口白开水千万不可急急咽下，而应当像含英咀华那样慢慢玩味。咽下白开水后，再张口吸一口气，这时你一定会感到满口生津、回味甘甜、无比舒畅。多数人都会有“此时无茶胜有茶”的感觉。这道程序反映了人生的哲理：平平淡淡总是真。

第十七道：茗茶探趣，游龙戏水

好的武夷岩茶七泡有余香，九泡仍不失茶的真味。茗茶探趣是请客人自己动手，看一看壶中的茶还能泡到第几道。

游龙戏水是把泡后的茶叶放到清水杯中，让客人观赏经多次冲泡后充分舒展的茶叶叶片，行话讲“看叶底”。武夷岩茶属半发酵茶，叶底“三分红，七分绿”，称为“绿叶镶红边”。在茶艺表演中，由于乌龙茶的叶片在清水中晃动很像龙在水中玩水，故名“游龙戏水”。

第十八道：宾主起立，尽杯谢茶

自古以来，人们视茶为健身的良药、生活的享受、修身的途径、友谊的纽带。茶艺表演结束时，请宾主起立，同干了杯中的茶，并把杯底朝天放回茶船。大家相互祝福来结束这次茶会。

3．安溪茶艺

安溪茶艺作为一种示范性表演，其每一个环节、每一个动作，都讲究融自身修养与茶文化之精华于一体。在品饮名茶之神韵的同时，追求人与茶、人与自然、人与人之间人际关系的和谐，启发人们走向更高层次的生活境界，达到精神上的崇高享受。安溪茶艺传达的是“纯、雅、礼、和”的茶道精神理念。

纯，是茶艺之本。展茶性之纯正，茶主之纯心，化茶友之净纯。

雅，即茶艺之韵。为沏茶之细致，呈动作之优美，示茶局之典雅，展茶艺之神韵。

礼，为茶艺之德。意感恩于自然，敬重于茶农，诚待于茶客，联茶友之情谊。

和，乃茶艺之道。创人与人之和睦，人与茶、人与自然之和谐，系心灵之挚爱。

安溪茶艺的基本流程共分为十六道程序，具体为：

第一道：神入茶境

茶者在沏茶前应以清水净手，端正仪容，以平静、愉悦的心

情进入茶境，备好茶具，聆听中国传统音乐，以古筝、古琴、箫来帮助自己，使心灵安静。

第二道：展示茶具

安溪盛产竹子。茶匙、茶斗、茶夹等都是用竹器工艺制成的，是民间传统惯用的茶具。茶匙、茶斗用于装茶，茶夹用于夹杯洗杯。炉、壶、瓯、杯以及托盘，号称“茶房四宝”，遵循本地传统加工而成。安溪茶乡有悠久历史的古窑址，在五代十国就有陶器工艺，宋朝中期就有瓷器工艺。它不仅为泡茶专用，而且有较高的收藏欣赏价值。用白瓷盖瓯泡茶，对于放茶叶、闻香气、冲开水、倒茶渣等非常方便。

第三道：烹煮泉水

沏茶择水最为关键。水质不好，会直接影响茶的色、香、味，只有好水好茶味才美。冲泡安溪铁观音，烹煮的水温需达到100℃，这样最能体现铁观音独特的香韵。

第四道：沐霖瓯杯

“沐霖瓯杯”也称“热壶烫杯”。先洗盖瓯，再洗茶杯，这不但是保持瓯杯有一定的温度，又讲究卫生，起到消毒作用。

第五道：观音入宫

右手拿起茶斗把茶叶装入，左手拿起茶匙把名茶铁观音装入瓯杯，美其名曰：“观音入宫”。

第六道：悬壶高冲

提起水壶，对准瓯杯，先低后高冲入，使茶叶随着水流旋转而充分舒展。

第七道：春风拂面

左手提起瓯盖，轻轻地在瓯面上绕一圈，把浮在瓯面上的泡沫刮起，然后右手提起水壶把瓯盖冲净，称“春风拂面”。

第八道：瓯里酝香

铁观音是乌龙茶中的极品，其生长环境得天独厚，采制技艺十分精湛，素有“绿叶红镶边，七泡有余香”之美称，具有防癌、美容、抗衰老、降血脂等特殊功效。茶叶下瓯冲泡，须等待1～2分钟，才能充分地释放出独特的香和韵。冲泡时间太短，色香味显示不出来，太久会“熟汤失味”。

第九道：三龙护鼎

斟茶时，用右手的拇指、中指夹住瓯杯的边沿，食指按在瓯盖的顶端，提起盖瓯，把茶水倒出，三个手指称为三条龙，盖瓯称为鼎，故称“三龙护鼎”。

第十道：行云流水

提起盖瓯，沿托盘上边绕一圈，把瓯底的水刮掉，防止瓯外的水滴入杯中。

第十一道：观音出海

“观音出海”民间称为“关公巡城”。就是把茶水依次巡回均匀地斟入各茶杯里，斟茶时应低行。

第十二道：点水流香

“点水流香”在民间称为“韩信点兵”，就是斟茶斟到最后瓯底最浓部分，要均匀地一点一点地滴到各茶杯里，达到浓淡均匀、香醇一致。

第十三道：敬奉香茗

茶艺表演者双手端起茶盘彬彬有礼地向各位嘉宾、朋友敬奉香茗。

第十四道：鉴赏汤色

品饮铁观音时要先观其色，就是观赏茶汤的颜色，名优铁观音的汤色清澈、金黄、明亮，让人赏心悦目。

第十五道：细闻幽香

就是闻其香，闻闻铁观音的香气，那天然馥郁的兰花香、桂花香，香气四溢，让你心旷神怡。

第十六道：品啜甘霖

品其味，品啜铁观音的韵味，有一种特殊的感受，当你呷上一口含在嘴里，慢慢送入喉中，顿时会觉得满口生津，齿颊留香，“六根开窍清风生，飘飘欲仙最怡人”。

4．闽南工夫茶茶艺

闽南工夫茶的泡饮方法别具一格，自成一家。首先，必须严把用水、茶具、冲泡三道关。“水以石泉为佳，炉以炭火为妙，茶具以小为上”。

冲泡按其程序可分为八道：

第一道：白鹤沐浴（洗杯）

用开水洗净茶具，并提高茶杯的温度。

第二道：观音入宫（落茶）

把铁观音茶放入茶具，放茶量约占茶具容量的一半。

第三道：悬壶高冲（冲茶）

把滚开的水提高冲入茶壶或盖瓯，使茶叶转动。

第四道：春风拂面（刮泡沫）

用壶盖或瓯盖轻轻刮去漂浮的白泡沫，使其清新洁净。

第五道：关公巡城（倒茶）

把泡 1 ~2 分钟的茶水依次巡回注入并列的茶杯里。

第六道：韩信点兵（点茶）

茶水倒到少许时要一点一点均匀地滴到各茶杯里。

第七道：鉴赏汤色（看茶）

观赏杯中茶水的颜色。

第八道：品啜甘霖（喝茶）

趁热细缀，先嗅其香，后尝其味，边啜边嗅，浅斟细饮。饮量虽不多，但能齿颊留香，喉底回甘，心旷神怡，别有情趣。

5. 潮州工夫茶茶艺

潮州工夫茶是我国茶艺中最具代表性的一种，它是在唐宋时期就已存在的“散茶”品饮法的基础上发展起来的，属散条形茶瀹泡法的范畴，是瀹饮法的极致。虽然盛行于闽、粤、港、台地区，其影响也遍及全国，远及海外。

表演用具：

茶，以安溪铁观音、武夷岩茶为好。器，能容水 3 ~ 4 杯的孟臣罐（宜兴紫砂壶）、若琛瓯（茶杯）、玉书碨（水壶）、潮汕烘炉（电炉或酒精炉）、赏茶盘、茶船等。

第一道：鉴赏香茗

主泡师用茶则从茶筒中取出一壶量的茶叶，置于赏茶盘中。助泡师接过赏茶盘，让客人鉴赏干茶，并介绍所用茶的特点。

第二道：孟臣淋霖

用沸水浇壶身，其目的在于为壶体加温，即所谓“温壶”。

第三道：乌龙入宫

将茶叶用茶匙拨入茶壶，装茶的顺序应是先细再粗后茶梗。

第四道：悬壶高冲

向孟臣罐中注水，水满壶口为止。

第五道：春风拂面

用壶盖刮去壶口的泡沫，盖上壶盖，冲去壶顶上的泡沫。淋壶可冲淋壶盖和壶身，但不可冲到气孔上，否则水易冲入壶中。淋壶的目的一为清洗，二为使壶内外皆热，以利于茶香的发挥。

第六道：重洗仙颜

迅速倒出壶中之水，是为洗茶，目的是洗去茶叶表面的浮尘。

第七道：若琛出浴

用第一泡茶水烫杯，又谓“温杯”，转动杯身，如同飞轮旋转，又似飞花欢舞。

第八道：玉液回壶

用高冲法再次向壶内注满沸水。

第九道：游山玩水

也称运壶，执壶沿茶船运转一圈，滴净壶底的水滴，以免水滴落入杯中，影响茶之圣洁。

第十道：关公巡城

循环斟茶，茶壶似巡城之关羽。这样做的目的是为使杯中茶汤浓淡一致，且低斟是为不使香气过多散失。

第十一道：韩信点兵

至茶汤将尽时，将壶中所余的浓茶水斟于每一杯中，这些是全壶茶汤中的精华，应一点一滴平均分注，因而戏称韩信点兵。

第十二道：敬奉香茗

先敬主宾，或以老幼为序。

第十三道：品香审韵

先闻香，后品茗。品茗时，以拇指与食指扶住杯沿，以中指抵住杯底，俗称三龙护鼎。品饮要分三口进行，“三口方知味，三番才动心”，茶汤的鲜醇甘爽，令人回味无穷。

第十四道：高冲低筛

冲泡第二道茶，重复第八道动作。

第十五道：若琛复浴

手法同第七道若琛出浴。

第十六道：重酌妙香

重复第九、十、十一道动作。

第十七道：再识醇韵

重复第十三道动作。

第十八道：三斟流霞

冲泡第三道茶。铁观音等乌龙茶，香气浓郁持久，有“七泡有余香”之美称。因是表演，故只冲泡三次。

潮州工夫茶的表演以冲泡两次茶为宜，最多不超过三次。这样既给来宾一个完整的印象，又不使表演时间过于冗长。

6. 台式乌龙茶茶艺

台式乌龙茶脱胎于潮州、闽南的工夫茶。

主要茶具：

紫砂茶壶、茶盅、品茗杯、闻香杯、茶盘、杯托、电茶壶、置茶用具、茶巾等。

主要茶品：

冻顶乌龙、文山包种、阿里山茶。

第一道：摆具

将茶具一一摆好，茶壶与茶盅并排置于茶盘之上，闻香杯与品茗杯一一对应，并列而立。电茶壶置于左手边。

第二道：赏茶

用茶匙将茶叶轻轻拨入茶荷内，供来宾欣赏。

第三道：温壶

温壶不仅要温茶壶，还要温茶盅。用左手拿起电茶壶，注满紫砂壶，接着右手拿紫砂壶，注入茶盅。

第四道：温杯

将茶盅内的热水分别注入闻香杯中，用茶夹夹住闻香杯，旋转 360 度后，将闻香杯中的热水倒入品茗杯。同样用茶夹夹住品茗杯，旋转 360 度后，杯中水倒入水盂或茶盘。

第五道：投茶

将茶荷的圆口对准壶口，用茶匙轻拨茶叶入壶。投茶量为 1/2 ~2/3 壶。

第六道：洗茶

左手执电茶壶，将 100℃的沸水高冲入壶。盖上壶盖，淋去浮沫。立即将茶汤注入茶盅，分于各闻香杯中。洗茶之水可以用于闻香。

第七道：高冲

执电茶壶高冲沸水入壶，使茶叶在壶中尽量翻腾。第一泡时间为 1 分钟。1 分钟后，将茶汤注入茶盅，分到各闻香杯中。

第八道：奉茶

闻香杯与品茗杯同置于杯托内，双手端起杯托，送至来宾面前，请客人品尝。

第九道：闻香

先闻杯中茶汤之香，然后将茶汤置于品茗杯中，闻杯中的余香。

第十道：品茗

闻香之后可以观色品茗。品茗时分三口进行，从舌尖到舌面再到舌根，不同位置香味也各有细微的差异，需细细品，才能有所体会。

第十一道：再泡

第二次冲泡的手法与第一次同，只是时间也要比第一泡增加 15 秒，以此类推。每冲泡一次，冲泡的时间也要相对增加。优质乌龙茶内质好，如果冲泡手法得当，可以冲泡几十次，每次的色香味甚至能基本相同。

第十二道：奉茶

自第二次冲泡起，奉茶可直接将茶分至每位客人面前的闻香杯中，然后重复闻香、观色、品茗、冲泡的过程。

台式茶艺侧重于对茶叶本身、与茶相关事物的关注，以及用茶氛围的营造。欣赏茶叶的色与香及外形，是茶艺中不可缺少的环节。冲泡过程的艺术化与技艺的高超，使泡茶成为一种美的享受。此外对茶具欣赏与应用，对饮茶与自悟修身、与人相处的思索，对品茗环境的设计都包容在茶艺之中。将艺术与生活紧密相连，将品饮与人性修养相融合，形成了亲切自然的品茗形式，这种形式也越来越为人们所接受。

四、花茶茶艺

花茶的冲泡以能维持香气不致散失和显示特质美为原则。通常泡饮程序如下：

1. 泡茶用具

（1）主泡器：盖碗：用来沏泡花茶。茶船（水方）：用来盛放用过的水。

（2）备水器：随手泡。

（3）辅助用具：茶荷、茶则、茶匙、茶针、茶夹、茶巾、储茶器。

2. 花茶茶艺表演

花茶的冲泡一般使用盖碗，盖碗适合冲泡重香气的茶，茶泡好后揭盖闻香，既可品尝茶汤，又可观看茶姿。冲泡花茶也可使用瓷壶冲泡，方法与沏泡绿茶相同。

第一步：温杯

操作：左手拿随手泡，将开水倒至盖碗中1/3处，右手拿杯将温杯的水倒入茶船中。

解释：温杯是因为稍后放入茶叶冲泡热水时，不致冷热悬殊。

盖碗是一杯三件的盖杯，包括杯盖、杯身、杯托。杯为白瓷反边敞口的瓷碗，以江西景德镇出产的最为著名。用盖碗泡茶揭盖、闻香、尝味、观色都很方便。盖碗造型美观，题词配画都很

别致。以盖碗泡茶奉客，人各一杯，品饮随意。

第二步：盛茶

操作：用茶则将茶叶拨至茶荷中。

解释：将茶叶拨至茶荷中。

第三步：赏茶

操作：双手拿起茶荷请客人观赏。

解释：赏茶的步骤首先在赏干茶，油亮美观的茶叶还未冲泡便已令人神往（介绍茶叶名称、产地及特点）。

第四步：置茶

操作：将茶叶拨至盖碗中。

解释：美其名曰佳茗入宫，香叶、嫩牙静置于碗中。茶叶用量要均匀适量。

第五步：冲水

操作：冲水至杯的七分满。

解释：冲水后干茶充分吸取水之甜润甘醇，初步伸展，四溢茶香。“清茶一盏也能醉人”，初见润茗，便全心进入到澄淡闲逸的境界之中。

第六步：敬奉香茗

操作：茶艺表演者双手端起茶，彬彬有礼地向各位嘉宾、朋友敬奉香茗。

第七步：品饮演示

揭盖闻香操作：右手将杯托端起交与左手，右手揭盖闻香。

观察汤色操作：右手用盖将茶沫拨去，欣赏茶汤。

细品香茗操作：将盖碗端至口处慢慢细品。

解释：品饮花茶讲究的是轻柔静美，揭盖于胸前，旋转闻香，即可感到扑面而至的清香。拨去茶沫，细品香茗。

第八步：静坐回味

操作：点头向客人示意。

3. 茉莉花茶茶艺表演

表演用具：三才杯（即小盖碗）若干只；白瓷壶 1 把；木制托盘 1 把；开水壶 2 把（或随手泡 1 套）；赏茶荷 1 个；茶道具 1 套；茶巾 1 条；茉莉花茶每人 2 ~ 3 克。

基本程序解说：

1. 烫杯——春江水暖鸭先知	6. 敬茶——一盏香茗奉知己
2. 赏茶——香花绿叶相扶持	7. 闻香——杯里清香浮情趣
3. 投茶——落英缤纷玉杯里	8. 品茶——舌端甘苦人心底
4. 冲水——春潮带雨晚来急	9. 回味——茶味人生细品悟
5. 闷茶——三才化育甘露美	10. 谢茶——饮罢两腋清风起

花茶是诗一般的茶，它融茶之韵与花香于一体，通过“引花香，增茶味”，使花香茶味珠联璧合，相得益彰。从花茶中，我们可以品出春天的气息。所以在冲泡和品饮花茶时也要求有诗一样的程序。

第一道：烫杯

我们称之为“竹外桃花三两枝，春江水暖鸭先知”。借助苏东坡的这句诗描述烫杯，请各位充分发挥自己的想像力，看一看在茶盘中经过开水烫洗之后，冒着热气的、洁白如玉的茶杯，像不像一只只在春江中游泳的小鸭子？

第二道：赏茶

我们称之为“香花绿叶相扶持”。赏茶也称为“目品”。“目品”是花茶三品（目品、鼻品、口品）中的头一品，目的即观察鉴赏花茶茶坯的质量，主要观察茶坯的品种、工艺、细嫩程度及保管质量。

如特级茉莉花茶，这种花茶的茶坯多为优质绿茶，茶坯色绿质嫩，在茶中还混有少量的茉莉干花，干花的色泽应白净明亮，这称之为“锦上添花”。在用肉眼观察了茶坯之后，还要干闻花茶的香气。通过上述鉴赏，我们一定会感到好的花茶确实是“香花绿叶相扶持”，极富诗意，令人心醉。

第三道：投茶

我们称之为“落英缤纷玉杯里”。“落英缤纷”是晋代文学家陶渊明先生在《桃花源记》一文中描述的美景。当我们用茶匙把花茶从茶荷中拨进洁白如玉的茶杯时，干花和茶叶飘然而下，恰似“落英缤纷”。

第四道：冲水

我们称之为“春潮带雨晚来急”。冲泡花茶也讲究“高冲水”。冲泡特级茉莉花茶时，要用90℃左右的开水。热水从壶中直泄而下注入杯中，杯中的花茶随水浪上下翻滚，恰似“春潮带雨晚来急”。

第五道：闷茶

我们称之为“三才化育甘露美”。冲泡花茶一般要用“三才杯”，茶杯的盖代表“天”，杯托代表“地”，茶杯代表“人”。人们认为茶是“天涵之，地载之，人育之”的灵物。

第六道：敬茶

我们称之为“一盏香茗奉知己”。敬茶时应双手捧杯，举杯齐眉，注目嘉宾并行点头礼，然后从右到左，依次一杯一杯地把沏好的茶敬奉给客人，最后一杯留给自己。

第七道：闻香

我们称之为“杯里清香浮情趣”。闻香也称为“鼻品”，这是三品花茶中的第二品。品花茶讲究“未尝甘露味，先闻圣妙香”。闻香时三才杯的“天、地、人”不可分离，应用左手端起杯托，右手轻轻地将杯盖揭开一条缝，从缝隙中去闻香。闻香时主要看三项指标：一闻香气的鲜灵度，二闻香气的浓郁度，三闻香气的纯度。细心地闻优质花茶的茶香是一种精神享受，一定会感悟到在“天、地、人”之间，有一股新鲜、浓郁、纯正、清和的花香伴随着清悠高雅的茶香，沁人心脾，使人陶醉。

第八道：品茶

我们称之为“舌端甘苦人心底”。品茶是指三品花茶的最后一品，口品。在品茶时依然是“天、地、人”三才杯不分离，依然是用左手托杯，右手将杯盖的前沿下压，后沿翘起，然后从开缝中品茶。品茶时应小口喝入茶汤。

第九道：回味

我们称之为“茶味人生细品悟”。人们认为一杯茶中有人生百味，无论茶是苦涩、甘鲜还是平和、醇厚，从一杯茶中人们都会有良好的感悟和联想，所以品茶重在回味。

第十道：谢茶

我们称之为“饮罢两腋清风起”。唐代诗人卢仝的诗中写出了品茶的绝妙感觉。他写道：一碗喉吻润；二碗破孤闷；三碗搜枯肠，唯有文字五千卷；四碗发轻汗，平生不平事，尽向毛孔散；五碗肌骨轻；六碗通仙灵；七碗吃不得，唯觉两腋习习清风生。

第二十七章
茶的实用功能

茶不仅是我们生活中不可缺少的饮料，而且现代科学的分析证明，茶更具有无穷的妙用与功效。俗语说："茶叶不是药，处处用得着。"从解渴、医疗、防病到许多特别的用途，逐一提高了茶在日常生活中的使用价值。西洋人对茶的认识与饮用，虽然较晚，可是近年来，不断有新的医学报道来指出茶对人体健康的功效，许多国家已逐渐将喝咖啡改为饮茶。对于这个早已成为民俗的"国饮"，我们是否更应重视及提倡？

茶的功用与健康

饮茶保健的功用

任何人都适合喝茶吗？

自古以来茶叶一直有其药理功效，根据科学的验证，也确实证明茶叶中含有抗癌、降血压、减肥等对人体有益的保健功效，但也就是因为茶叶有药理的作用，所以也不见得每个人都适合喝茶，例如：容易失眠、有胃溃疡的人就不适合喝茶。因此饮茶要适时适量才能够充分发挥功效，下列几种人尤其必须特别注意。

饮茶需小心的各个族群妇女

妇女在下列几种情况下最好不要喝茶：

（1）怀孕期间：咖啡因会增加孕妇的心、肾负担，同时也可能影响胎儿的发育。

（2）哺乳期：哺乳的妇女喝浓茶，咖啡因可能会通过奶汁进入婴儿体内，导致婴儿过度亢奋或烦躁。

（3）月经期：经期的妇女过量饮茶，也可能会因为咖啡因对神经和心血管的刺激，导致经期基础代谢增高，引起经痛、经血过多及经期过长的现象。

素食者

素食者容易缺乏维生素 B 群、铁、钙等营养，茶叶成分会阻碍人体对这些维生素的吸收，所以素食者饮茶更须适量。

太瘦、营养不良及蛋白质缺乏症者

茶叶能去脂肪，阻碍人体对蛋白质的吸收，所以太瘦或饮食缺乏蛋白质的人，饮茶最好能节制；相反地，想瘦身的人，喝茶绝对是一种经济、有效的好方法。

失眠及服用镇定剂者

若是属于喝茶会睡不着者，最好不要喝茶或不要在下午以后喝茶；服用镇定剂时最好不要饮茶，以免药性相低触。

特殊疾病患者

有下列几种病症患者，应避免喝茶。假如你很喜欢喝茶，最好事先向医师询问：

（1）胃溃疡患者：胃会因为茶叶的刺激而加重病情。

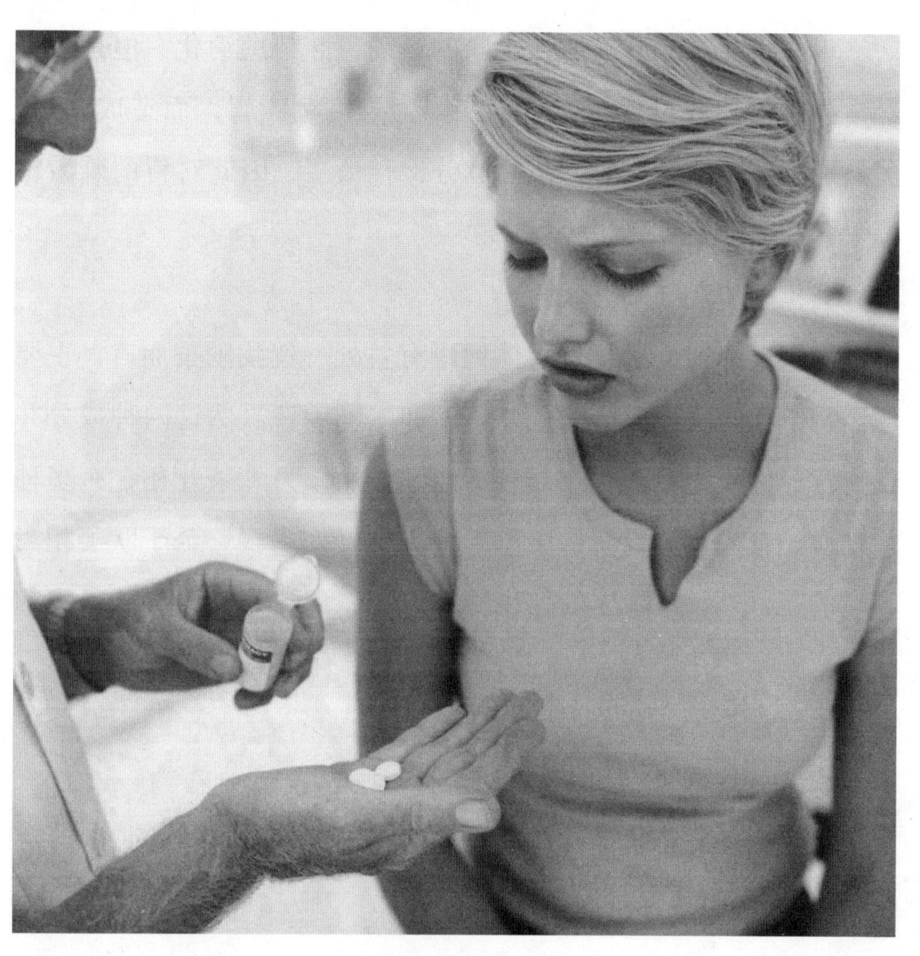

（2）低血糖患者：茶叶能在很短的时间内，迅速降低人体血糖，所以空腹及低血糖患者应忌喝茶。

贫血的人

虽然茶叶内含有大量的铁质，但都属于不易被人体吸收的；另外茶叶中的儿茶素，很容易与饮食中的铁离子合成不可溶的复合物，阻碍人体对铁离子的吸收，所以贫血患者或服用铁剂药品的人最好不要饮茶。

胃不好的人能喝茶吗?

正常的饮茶是可以加强小肠的运动，并帮助消化，但是如果经常饮用浓茶或过量饮茶，则会因为过度刺激胃，而造成溃疡，另外绿茶完全没有发酵，茶叶成分保存最多，因此对胃的刺激也最大，红茶则是最温和的茶叶。

喝茶有什么好处

许多人都知道喝茶对人体健康有益处，就我国茶而言，主要原因是茶叶的两种成分——儿茶素和咖啡因，虽然这两种成分并没有营养价值，但却有相当多的药理作用，另外茶叶还含有多种维他命、有机酸，长期饮用对人体健康好处多多。至于欧美相当风行的花草茶，对人体的作用更是五花八门，而和我国茶最大的不同，就是花草茶不含咖啡因，喝了不会有亢奋的作用。

茶叶的神奇功效

1. 提神、消除疲劳

因茶叶含有咖啡因成份，能振奋精神，也有解酒的功效。

2. 抗细胞突变、防癌

人体细胞突变是患癌症的前兆，而茶叶成分具有防止人体细胞突变的功能，目前科学研究也指出，茶叶对胃癌、肺癌、乳癌、肠癌、肝癌、皮肤癌等多种癌症，都具有某种程度上的预防和抑制效果。

3. 预防疾病

茶叶中含有有效成份。可以预防疾病，包括：

(1) 预防动脉硬化和高血压。茶叶成份能扩张血管，使血液流通，并且降血脂，预防动脉硬化和形成血栓。

(2) 降血糖、预防糖尿病。茶叶的儿茶素成份及多糖类化合

物，能降低人体血糖，对糖尿病患者的血糖值、尿糖值，能产生明显下降的效果。

4. 预防蛀牙、防止口臭

茶叶中含有氟，能防止酸性对牙齿的侵蚀，产生较高的抵抗力。

5. 美白皮肤

茶叶有维他命 C，经常喝茶能美白皮肤。

6. 帮助消化

“吃寿司配茶，拉肚喝茶”是日本流传的俗语，主要是茶叶中的儿茶素及黄酮醇类成份，可以改善肠胃机能，对肠道的细菌、微生物，也有杀灭和抑制的功能。

喝茶可以减肥吗?

与其说喝茶可以减肥，不如说喝茶可以抑制肥胖。曾有科学报道指出，如果先喝茶再运动，可以消耗体内的脂肪，但是如果是喝白开水，消耗的则是体内的糖份。经常可以看到报章杂志或商家的广告上，讲到喝绿茶可以抗癌、喝普洱茶可以降血脂等，其实从茶叶的成份可以发现，大部分的茶叶都含有这些功能，所以也不是哪种茶就有特别的效果，只有培养正确的饮茶观念，才能获得饮茶的好处。

喝茶要注意哪些事

经过科学验证，茶叶里含有某些有益人体健康的成份，但是要喝得健康，也要注意一些小细节，以免还没有享受到喝茶的益处，反而先陷入对喝茶不适应的困扰。

健康饮茶四大禁忌

1．喝茶可能引起失眠

茶叶含有咖啡因，是强有力的中枢神经兴奋药，因此有人喝了茶会睡不着。属于这类体质的人，最好不要在下午过后或晚上喝茶。但是也有另种说法指出，茶叶所含的咖啡因，让人体的中枢神经兴奋后会转为抑制，所以如果因为失眠困扰许久，吃安眠药也未见效，可以尝试在早上饮茶，使神经系统高度兴奋后转为高度抑制，并在当天戒除一切刺激性的饮食，应能减轻当夜失眠的情况。

2．浓茶有害肠胃

适当饮茶对人体的健康有益，但太浓的茶对身体状况不佳的人则过于刺激，尤其是胃不好的人，若喝过量或过浓的茶，会引起胃肠道的病理变化，造成胃痛甚至溃疡。

3．饮茶过量可能造成便秘

茶叶有利尿的功能，会排出肾脏和尿道的残留物，但是若经常饮用过浓的茶叶，则会因为刺激肾脏过度、排尿过多，而使得

肾脏容易衰弱、代谢不良，体内也会因为水份过少引起便秘。

4. 隔夜茶可能感染肠胃病

茶叶被氧化之后，与空气接触，可能滋生细菌或是有虫爬过，所以隔夜茶不要喝，尤其是夏天，以免感染肠胃道的疾病。

长期喝茶或长期喝同一种茶会不会影响健康？

最好不要长期饮用同一种茶，因为每一种茶有不同的特色和功效，应该根据自己的体质做适当的调配，例如绿茶是不发酵茶，长期饮用对肠胃不好；喝茶若会失眠，就改喝红茶或花草茶。

不是所有的茶叶都会引起失眠，易失眠体质的人如果想喝茶，可以喝红茶。因为红茶属全发酵茶，刺激成分较少，茶性温和，较不会引起失眠现象。此外，花草茶有各种功效，有些会让人精神振奋，有些则会镇定思绪，甚至昏昏欲睡，因此喝花草茶一定要认清功效，以免影响生活作息。

茶不仅是嗜好性的饮料，同时也兼具药用的效果。前人曾使用茶作为预防或治疗疾病之用，结果效用良好；今人也一直延袭，使我们能享受到最好的饮料，裨益身体健康。

茶在现代科学分析的元素

根据现代科学分析，茶叶里含有很多我们人类身体所需要的元素，将其介绍如下：

1. 茶碱

咖啡碱一类的物质，是一种生物碱；在每一杯约 10 克重的茶叶中，含有 4% 的茶碱。茶碱是刺激神经中枢的兴奋剂，有刺激大脑皮层，促进血管血液循环运动，所以茶能提神醒酒；在疲乏困倦时，喝上一两杯浓茶，便能神清意爽，倦意顿消。

茶碱的另一作用是，能刺激肾脏，使小便畅通，加速排除废物，清除体内的毒素，所以时常喝茶的人，比较少患肾脏病和结石症。

2. 单宁酸（即鞣酸）

单宁酸是植物体内常有的一种物质。在一般茶叶中，单宁酸的含量约占 20% 左右。浓茶味涩，是因含有单宁酸较多的关系，因此它有收敛止血、消化、健脾开胃、杀菌解毒、治疗腹泻、痢疾与吐血、咯血等病的功效。

单宁酸也很容易和酒精互溶，因此饮用浓茶可解酒醉；对于尼古丁、吗啡等中毒也可以喝浓茶化解。另外喝茶可防止进入人体中的放射性物质锶对人体的损害。

3. 维生素

茶叶中含有 A、B、C、D、P 等多种维他命，对于人体健康颇为重要。维他命 C 能增加血管韧性，抵抗病菌侵袭，减缓皮肤

衰老；维他命D直接维护骨骼发育；维他命A、B、P都是维持血液正常的养分。如每个人每天喝二三杯茶便可摄取到这些维生素。

4．芳香油

茶叶中含有一种芬芳的油质，能刺激脑、心脏、血管的循环作用，促进人体机能的新陈代谢，增强各项组织对氧气的吸收。所以喝浓茶，不但能使脑筋清醒，连呼吸也会觉得舒畅。

芳香油不但能刺激脑神经，而且能清除口腔的臭味，用茶漱口，会收到去腥的效果。

5．儿茶酸

儿茶酸可增强人体血管的韧性和弹性，对预防动脉硬化大有帮助；同时儿茶酸还可增强人体对低气压适应的能力，防止因气压太低氧气不足而引起气短不适的感觉。

6．叶绿素（茶色素）

在每一杯的茶叶中，叶绿素的含量约有6%，不能算少，但经过发酵的茶则减低，如乌龙茶、红茶。叶绿素能净化人体的血液，防止皮肤老化，故对妇女们的美容有帮助，而对患有贫血症的人也有裨益；患有肺结核的人常饮茶，对于治疗可产生事半功倍的效果。

7. 无机盐类

茶叶中含有微量的钾、镁、钠、碘、矽酸、磷酸、氧化铁等无机盐类。而这些无机盐类对人体的健康很重要，并可增强新陈代谢作用，又能治疗甲状腺的疾病，这是近年来经过医学界研究所发现的。

8. 碳水化合物

茶叶中含有少量的糖分与铁元素，对于人体的营养保健是有益处的。

9. 硅酸

茶叶尚含有硅酸，可促进结核疤痕的形成，制止结核菌的扩散，硅酸还能促使体内白血球增加，增强人体的抵抗力，患结核病者喝茶颇为有益。

当然，一物有益也有害，但喝茶是益多害少。如因为茶有收敛性，空着肚子喝茶，对胃有害；茶属寒性，患有寒疾或身体虚弱的人不宜多饮。因此，喝茶应以泡茶叶少的淡茶为有益，泡茶叶多的浓茶为有害。

茶的研究分析

茶最初的作用仅是止渴、提神，后来经过人们的体验、求证、研究，发现茶对人类有莫大的裨益。

唐代李责力统筹的《新修本草》宋部说：“茗，苦茶也。味甘苦，微寒，无毒，瘘疮有效，利小便，化痰，解渴，去热，使人不睡。秋日采之，其苦足以顺气，能助消化。（注：宜春日采摘，藏以候用）”

唐代陆羽《茶经》上说：“茶之效用，味至而寒，是以行优而有俭，德之人饮之甚宜。若体热、口渴成为凝滞；头痛、目晕、手足痛苦而关节不舒之时，能啜四五杯，则其味可以抗衡醍醐甘露。”

明代钱椿年在《制茶新谱》对茶的效用，有一段颇为详细的话，他说：“人饮真茶，可以止渴、助消化、去痰、除睡意、利尿、明目、增强思考力。人欲除胸中烦燥，去口油腻，则一日无休自为不可。然所忌者，为不能饮茶；如遇此种人，则令其于每餐食后，以浓茶漱口，可除胸中烦燥，祛口中油腻，然以不下咽，脾胃可以健壮也。且挟牙齿间之肉，以茶漱洗，自能全部消缩，去于不知不觉之间，而不烦牙齿。况齿之性质喜苦，以茶而日见紧密，牙蛀亦自然而止，然此种情况，用中等、下等之茶可焉。”

外国人对茶的研究及分析报告

法国医学博士穆斯先生说：“当夏天走到沙漠上，茶是必需的一种东西。因为那些地方的水，有着很多昆虫及其他害虫浮游水中，不堪饮用。”他并指出：“茶有防腐杀菌作用，预防很多病如伤寒、霍乱、赤痢，饮浓茶是最好的方法。”

意大利药物学博士富罗曼先生说：“茶能刺激神经系统。对于减少疲劳和增进肌肉的工作能力非常大，尤其是病后和精神沮丧的人，饮茶非常有帮助。它富有营养，但所含的卡路里不多。故对过胖的人，也是理想的饮料。”

英国内科医学博士阿伯替先生说：“茶含有芳香油，可以消除口臭，溶解肉类中的脂肪。茶中含有不少碳水化合物、树脂、氮化合物、叶绿素等，都给予人类不少的效用。”

日本静叶济大学教授林荣一先生说：“绿茶能预防高血压及心脏病，原因是绿茶中含有丰富的维他命P。因为维他命P能够强化微血管，使微血管有韧性而不致硬化，所以有预防高血压的功效。另外，茶的主要成分咖啡因，能够使冠状动脉松弛支气管的肌肉，故患气喘者，多喝茶可以减轻气喘的程度。而茶有强心及利尿的作用，能促血液流通及尿汗的排泄，故高血压及心脏病者，饮茶最有益于健康。”

各国医学界的报告

我国医药界有一份研究报告，摘要如下：茶的功效足以裨益于人体健康的，大约有十项：（1）帮助消化，增进食欲。（2）消除食物中的脂肪、胆固醇，所以可防止动脉硬化。（3）除口臭，防蛀牙。（4）解渴、解酒。（5）治便秘。（6）减肥。（7）促进血液循环，振奋精神。（8）整肠、利尿。（9）茶中的单宁质有防止放射性物质的功效。（10）茶中的维他命C、P，有微妙的抗癌效力。

美国医药界有一份报告，摘要如下：绿茶有三大功效：（1）咖啡碱能刺激中枢神经，消除睡意，有强心及利尿作用，能提高活力及记忆力。（2）单宁酸有收敛性，具有整肠作用，且能与人体内有害的重金属（如锶、镉）相结合，成为不溶性的化合物，而消除其毒性，阻止血液的吸收。（3）维他命C能防止坏血病，且可强化造血、解毒、强化骨骼组织及内脏的功能，又能消除疲劳；大量吸取绿茶中的维他命C，还有抗癌的效力。

维生素C可降低胆固醇

胆固醇是动脉硬化、高血压、冠心病，心肌梗塞、糖尿病等可怕而又痛苦的成人病的致病原因。一般的茶中都含有维生素 C。如绿茶中的煎茶所含的维生素 C 较多，平常在饭前、饭后或休息的时候，如能常品茗一番，就可预防因胆固醇增加所造成的成人病。

茶中叶绿素可促进血液再生力

绿茶内含有叶绿素，不仅有降低血液中胆固醇的功能，而且有增进血液的作用。因饮用含多量叶绿素末茶后，血液中的红血球增加；贫血的女性们可饮用，可促进血液循环正常，而防止恶性贫血。所以我们可发现到，嗜好饮茶者，长寿的人多，且气色皮肤特别的好，使人不太了解他们实际的岁数。

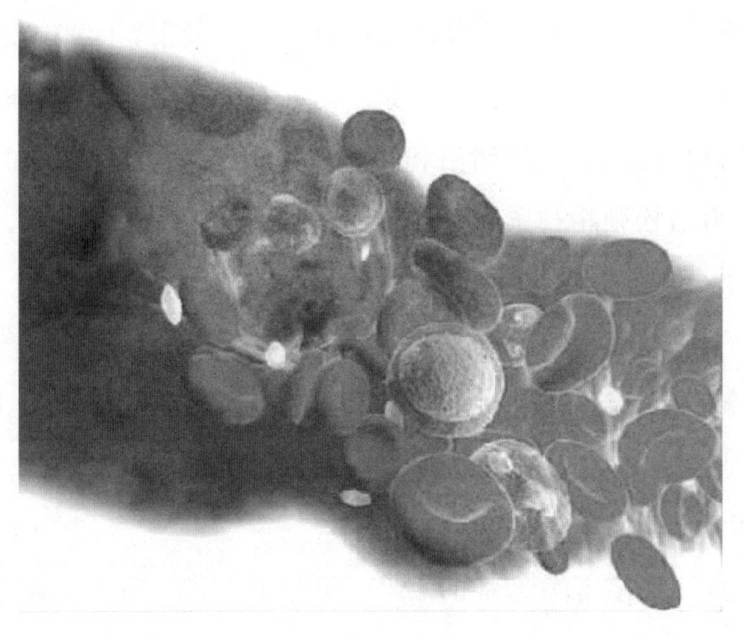

茶能洁净血液，保持弱碱性

血液兼施营养物到各器官并排出人体内的废物，由肺及肾脏来担任；为促进血液能正常地运用其功能，我们的身体需要保持弱碱性物质，有促进血液洁净的功能。因此，我们在饮食方面除吸取酸性食品如肉类、蛋、鱼、主食外，其他如水果、蔬菜等碱性食品还须注意吸取；最好在饭后喝茶，可维持血液中的弱碱性。

要保持标准体重，须习惯性喝乌龙茶

一般的肥胖是所吸取热量比所消耗的热量高，剩余的热量就存储在体内而转化为脂肪，造成肥胖。乌龙茶是碱性极高且含丰富维生素 C 的物质，其优点在于能强有力的消化、分解脂肪，有祛除脂肪等作用。所以肥胖的人只要经常在饭前、饭后喝三四杯乌龙茶，肥胖症即可解除，而保持标准身材。

饮茶有预防糖尿病的效果

糖尿病发生的病因是：（1）遗传。（2）食物的饮用没有节制、饮食过量、奢侈，身体缺乏运动。（3）紧张。（4）缺乏胰岛素。如预防糖尿病，可多饮绿茶。因绿茶中的温性咖啡碱能促进精神活动的敏捷，使情绪温和、安静、清爽，而且绿茶中的维生素 C、B 有松弛精神紧张、敦促体内的糖代谢作用的功能，有助于糖尿病的治疗。

茶有防止寒症，促进血液循环的功能

寒症常引起内脏器官的失调，如泻肚、感冒、呕吐、腹痛。女性易患此症，如在平常经常喝杯有姜汁的绿茶就可预防，并可促进血液循环畅通，保暖身体。

为提高绿茶治疗寒症的效果，可在煎茶或粗茶内加入干姜磨成的粉。干姜能促进体内新陈代谢，使机能健全，保温效果高，对于寒症所引起的各种症状有效。

乌龙茶对寒症的治疗及预防效果较绿茶好，主要因为乌龙茶属温性植物（绿茶属凉性植物），对胃肠无妨碍，且乌龙茶饮后人会很舒服地沉睡，对茶叶敏感的人可安心使用。

多饮茶可抑制、降低烟草的毒素

美国的生化学者斯敦博士说：“一支香烟消耗体内维生素 C 25 毫克。”照此计算，一天抽十支、二十支，则要破坏很多体内维生素 C；况且烟草里的尼古丁进入身体内，促使血管收缩、血压升高、血液浓稠，进而妨碍血液的畅通，使供给身体内各组织的酸度不充足，极有可能产生动脉硬化。

所以在抽烟同时饮用绿茶，就能减少对身体的伤害。因绿茶可以补充抽烟时减少的维生素 C，且能促进血液循环而抑制尼古丁的不良影响，茶叶中的维生素 C、P 有强化血管的作用。精神烦闷、昏沉欲睡时喝茶最有效。

在早晨睡醒后如觉得不愉快、烦闷的人，最好能喝一杯热茶提起精神，使情绪清爽，精力充足且食欲旺盛，令你有愉快的一天。这是因为茶叶中的咖啡碱（因）有刺激大脑中枢神经的效能，使发呆的头脑立刻舒畅而不再烦恼，又能刺激胃肠的蠕动，促进食欲的缘故。

看书或写作导致眼睛疲劳，可用淡茶洗目

对于摇笔杆的朋友或是读书的学生，当你眼睛疲乏发干甚至睁不开的时候，用半杯淡茶水放入洗眼器中洗眼睛，便可以消除疲劳，使模糊的目光变得明亮，无需使用眼药水，便可获得相同效果，尤其对于喝茶的朋友来说，是即省事又方便的方法。

饮茶能治疗习惯性便秘及神经性便秘

现在一般人因工作或上学关系，坐的时间过长，没有办法痛痛快快地排便；一般家庭主妇一早起床后即准备全家人的早餐，又须洗一大堆衣服，扫地清洁，而压制如厕的时间，结果都造成习惯性便秘。

所以早晨时间不充裕的人最好饮茶，因为茶叶能促进胃肠蠕动的功能，并能预防因头痛、头晕、腹部压迫感、神经不稳等食欲减退所引起的便秘。含单宁酸量多的煎茶、粗茶，对习惯性便秘的治疗较其他茶效果好，乌龙茶的单宁酸作用亦强。须注意的是，患有便秘的人在饮红茶时不应加砂糖。

茶浴对身体健康有益

因茶叶中含有丰富的维生素 C，所以用茶叶煮水洗澡，不但可以清除体臭，洗去污垢，而且有保养皮肤的功用。常用茶水洗澡，可以减少皮肤病的发生，使皮肤光泽滑润，柔软如脂，且无任何刺激。

泡茶浴的方法：将放置过久的茶叶先装入纱布袋里，而后放在浴槽内，作为滋润身体的浴用滋养剂。

漱口用茶水比用白开水好

当我们吃食物或饮水过猛而呛到喉咙时，一定会使喉咙疼痛而呼吸困难，这时我们可用茶来漱口治疗。因茶叶中的单宁酸有消炎止痛的功能，对喉咙发炎的治疗效力快，而且单宁酸的收敛功能，使喉咙感到柔软、清爽，从而呼吸舒畅。所以用茶来漱口比用白开水的效果好。

因急性肠炎引起的脱水症，饮粗茶效果好

饮食过多或睡眠时着凉等引起轻度泻肚时，可以喝粗茶。因粗茶中的单宁酸含有收敛性能起整肠作用，可促进胃及肠的黏膜效力，治疗轻度急性肠炎。

但当急性肠炎而发生严重泻肚时，则事先必须禁食。由于严重的泻肚，使肠里的水分及胃肠里的食物全都排出，所以为了补充水分，则喝粗茶较好。这种治疗是因为茶叶中的单宁酸在保护胃肠的黏膜功能，对轻微的泻肚是有效的。但因单宁酸过多会妨碍消化液内的酵素功能，所以必须注意不可喝太多。一般只要饮二三杯，对治愈泻肚会有效果。

在此须提醒的是，茶叶对轻微的泻肚是有效力的，如因食物引起的食物中毒所发生的激烈泻肚是无效的，须去看医生给予妥当的治疗。

茶叶能发出芒香气味，消除口臭

在需要人际交往的现代社会里，交朋友、谈生意，总是以口对答，如果患有口臭，别人都会敬而远之，不愿与之交谈，从而失去大好机会。发生口臭的原因，不外是食物渣滓引起的口臭，患胃肠病所产生的口臭或缺乏维生素 C，但叶绿素所散发出的芳香成份可以消除，如乌龙茶、粗茶、煎茶都有此功效。

旅行随身携带茶叶，不怕水土不服

不管在国内还是国外旅行，都要随身携带茶叶，一方面可品茗芳香，另一方面可为水土不服所产生的病症作预防剂。因为在旅途中，有些水土胃肠不能适应，而发生泻肚、赤痢、伤寒等病，又遇到水质不好，甚至因长途旅行自然会缺乏蔬菜及水果而无法吸收到维生素C。这时为了补充营养，就可以用茶叶，因茶叶能起如下作用：（1）对泻肚、赤痢、伤寒的预防有效，可放心饮水。（2）可以补充维生素C的不足。（3）遇到水质不好时，可将茶叶放入，单宁酸的功能将细菌消灭而净化水质。

激烈运动后，饮茶可辅助健康

当激烈运动后，出汗对身体健康是好现象。但汗中含有易溶于水的维生素C，如饮水就较不合适，因过多的饮水致使胃液稀薄，妨碍胃功能，导致疲劳的增加。所以为了维护身体的健康，促使肾脏功能正常活动，需多饮茶以保持正常体力。因茶叶里的咖啡因有刺激肌肉，使功能激发的效果，促使运动及体力劳动的效率增高；而茶叶含丰富的维生素C可以使身体产生持久力、忍耐力和精力。

饮茶是炎夏里补充水分的最佳办法

在气候特别热的夏天里，流汗过多或体力不够者，往往导致中暑。一般人都以喝水来补充体内水分不足或解渴，但这是不够的，因为饮水过多会稀释胃液，影响食欲，导致体力减弱，增加疲劳。而茶叶含有维生素A、B、C、P等，有润泽喉咙的作用，补充维生素C，增加身体精力，茶叶还有整肠作用，茶水是恢复食欲、活力的最佳饮料。

孕吐缺乏食欲时，可饮用冷茶以恢复体力

孕吐常使妊娠中的孕妇感觉头重脚轻，痛苦难堪，这是由于精神的紧张而引起的。所以孕妇可把茶水当饮料喝，因茶叶中的咖啡碱作用可使精神获得暂时性的安定，使情绪安稳；而且茶中

的维生素 C 有加强抵抗紧张体质的作用，因此对精神不安、情绪紧张的孕吐有功效。

解决饮酒宿醉的方法——多饮茶

醉酒之后马上睡眠倒无所谓，但如是宿醉，就痛苦难堪，且对身体有害无益。当我们饮酒时，肝脏分解酒精就需要维生素 C，如缺乏维生素 C，则酒精的毒副作用就更严重，极有可能成为慢性酒精中毒；而且肝脏在将酒精分解后，如此时维生素 C 吸收不足，则肝脏的解毒作用就衰退，酒精代谢不顺利，就会变成宿醉。所以在酒席前，如能事先喝三四杯含有丰富维生素 C 的绿茶之后再喝酒，就可帮助肝脏分解酒精，而不必担心有宿醉的发生。

乌龙茶可祛除腥味

家庭主妇们及鱼贩常被生鲜鱼、肉类等散发出的腥味黏附在手中，会觉得很不舒服；如要将腥味和油腻洗净，只要用乌龙茶洗手就可见效。由此可知，乌龙茶有消除腥味及油腻的作用。

将用过的茶叶装入枕头内，可以睡眠舒服

将冲过的茶叶不要丢弃，摊在木板上晒干，长久的积存下来，可以用做枕头的蕊子。茶为凉性，可以清神醒脑，增进思考能力。

夏季可用来驱除蚊虫

将泡过的茶叶晒干，在夏季的黄昏点燃起来，可以驱除蚊虫，而且对人体无害，和蚊香有同样的效果。

可做菜肴的调色，使菜肴更具色、香、味

茶含有丰富的色素，尤其是红茶的红褐色色素，用途更广泛。如调酒可以用它；制造食品也可以用它；在下厨时准备一点茶的浓汁，用做菜肴的调色，比一般化学色素好得多，主妇们不妨一试。

以茶水擦拭器具，光亮无比

用喝剩下来的茶水擦抹镜子或玻璃器皿，能使所擦拭的器具光泽明亮。但须注意的是，擦拭过后要把水擦干，否则茶水生锈在茶具上更加麻烦，茶锈留下来的污迹不容易擦掉。

泡过的茶叶仍有助于花木的成长和繁殖

冲泡过的茶叶仍含有无机盐类、碳水化合物等养分。种植花木时，可在花盆里或花圃里铺放约 2 公分厚冲泡过的茶叶，可帮助吸收水分，并当做肥料用，这样花木可生气蓬勃，呈现一片翠绿新鲜。

用茶水擦拭卧具，可消除汗味，光滑如新

我们可用喝剩下的茶水，擦拭草席、榻榻米等，可以消除汗味，清除灰尘，使它光滑如新。尤其在溽热的夏天，过一段时期用茶水洗一次，再躺在上面，一定会使人神清意爽，酣然入梦。

以茶叶薰鱼肉

以茶叶薰鱼肉，香味浓郁，卫生好。

一般的薰鱼、薰鸭、薰肉，用稻壳生烟来薰；如改用茶叶生烟薰鱼肉，不但卫生杀菌，香味浓郁，而且色泽也比用其他东西薰得好，您不妨试试看。

用茶叶汁可消毒杀菌，并可解毒

用茶叶汁来清洗伤口、溃疡、血疤，是古老农村里沿传已久的偏方。茶叶汁可代替酒精消毒杀菌，兼具硼酸水的柔和性；并可解毒，如误服毒物，灌上大量的浓茶，相当于洗胃的作用，却没有药物洗胃的痛苦。

茶叶可祛除葱蒜味，满口芳香

吃过大葱、大蒜之后立刻出门应酬，这股葱、蒜味便会令人烦恼；这时不妨在口中含一撮茶叶，过三五分钟再把茶叶吐出来，葱、蒜味便会消逝无踪。而口中觉得芳香无比。

感冒乍起时，喝浓茶，解痛苦

当人喉头发炎、咳嗽吐痰、声音嘶哑，可能是患感冒的象征。如在就医之前，用冰糖泡浓茶喝上几大杯，立刻会觉得口腔清爽，痛苦减少，也许不需再就医；如确实无效，还是去就医比较好。

煮茶洗脚，可治香港脚

茶叶里含有较多量的单宁酸，单宁酸具有强烈的杀菌作用，尤其对杀灭香港脚的丝状菌特别有效，所以患香港脚的人，每晚将茶叶煮成浓汁来洗脚，日久就会不治而愈。不过煮茶洗脚要持之以恒，短期的尝试不会有显著效果。煮茶洗脚最好用绿茶。

可消除鞋子臭味，预防香港脚

患香港脚的人所穿的鞋子常有臭味，只须用布将茶叶包上薄薄的一层，当作鞋垫铺在鞋里，不但可消除臭味，而且还有预防作用，道理和治疗香港脚一样，茶叶中的单宁酸能杀死丝状菌。

茶有消、杀菌、止痛的效用

如成人或小孩子不慎跌倒而擦破了皮肤，或有红肿现象，立刻用冷茶水洗过，再嚼些茶叶敷在伤处，便可减低疼痛，也不会感染细菌；如情况严重，应马上就医。

点心加茶叶，可口芳香，使体内营养平衡

想吃点心是自然欲望，一般的饮料如咖啡、红茶、可口可乐、果汁、乳酸菌饮料等全都加入相当成分的糖，结果造成糖分的吸取过剩，妨碍身体的代谢作用，使血液呈现酸性倾向，有害身体健康。如吃点心时泡上一杯乌龙茶或其他茶，茶叶的口味与饼干的甜味相互融合，不仅可以产生一种芳香扑鼻的气味，而且是一种享受，并可以维持身体健康。

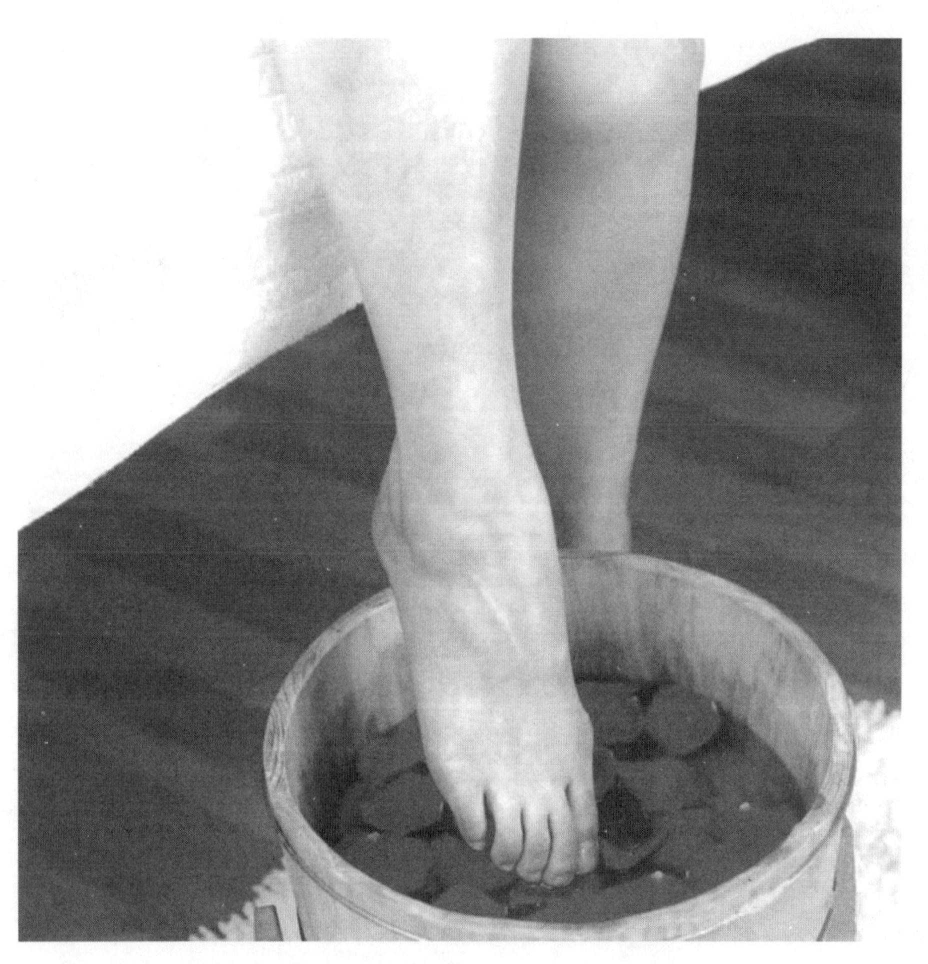

因为茶叶中含有丰富的维生素C、B。维生素C能对糖分产生代谢作用，将糖分分解，使过分吸取糖分者获得平衡。如此，吃零食、点心时能兼饮乌龙茶，就不必担心会发胖。

此外，茶叶还有其他许多妙用，真可谓“茶叶不是药，处处用得着”。

茶叶中的单宁酸能使头发柔软光泽

使用方法：把洗发水用水冲掉，然后将煮好的浓茶倒入脸盆再轻轻洗一次，揉擦约十五分钟后，再用温水清洗干净，不使浓

茶黏附在头发上。照此方法洗一段时间后，可将顽固的乱头发变成柔顺伏贴的美发。这主要靠茶叶中的单宁酸，它的收敛作用可使头发变得乌黑柔软，光泽美丽，且又不会损伤发质，可使护发的人满足心愿。

茶叶可消除各种的恶臭

茶叶的除臭、防臭在家庭方面的用途很广。如用过的茶叶干燥后，用纱布袋装置放在冰箱里，可祛除鱼、肉类等散发出的腥味；放在厨房里可消除因烹饪而产生的较强气味，使得家庭主妇心情愉快，并能消除厕所里的臭味，特别是饭厅旁边及浴室桶；亦可放在靴箱中防止臭味；如汽车的门窗紧闭，使得空气混浊，只要将用过的茶叶装入纱布袋里放入车厢内，就能使空气变为清爽；衣服如沾有香烟味，可放置少许茶叶，存入衣橱里，其臭味自然消除。

茶水可消除家具的油漆味

对于新购的木质家具，如桌椅橱柜之类，有一股刺鼻的油漆味，如用茶水彻底清洗一遍，油漆味要小得多。

茶叶中单宁酸有预防痔疮的功能

“十人九痔”，痔的产生原因是由于血液循环受到妨碍，使血管变粗，且粪便要排出时肛门用力过大而形成的，如能保持排泄的顺畅，将是预防痔疮的最佳途径。而茶叶能使消化器官加强蠕动，促使排泄顺利，有预防痔疮的效果。茶叶以含单宁酸成分最多的乌龙茶为最佳。

煮茶叶蛋

这是一道美味可口的点心。有的是利用泡过的茶叶来煮；有的是用茶叶末，但最好还是用红茶来煮。因为普通的红茶售价较

便宜，煮出来的茶叶蛋色泽鲜明，味道香美可口。

煮茶叶蛋的要领：先将蛋用自来水煮熟，将蛋壳轻轻敲碎，然后再把茶叶及香料、调味料入水，继续再煮，使茶叶的芳香渗入碎壳内，吃起来味道十足。

饮茶的新趋势

竹几、竹椅，几把古老的壶、几个粗实的碗，是昔日茶馆的面貌。它林立于街巷中，散布在乡村都市里，象征的是旧时中国人幽闲、快乐的生活。

曾几何时，这些带有古老中国特色的茶馆，在车水马龙与人声车鸣中消失了，继之而起的是随处可见的咖啡馆。

近一两年来，许多人又开始怀旧了，逐渐出现“纯喝茶”的“茶艺馆”。当然，它和过去的茶馆有很大的不同，但这仍值得我们兴奋，毕竟我们找回了我们的“根”！

从神农氏发现茶，到茶在人民生活中所扮演的角色，历经了数次变迁：先是药用，后用来代酒，用作祭祀之用。其参与买卖，在汉武帝时有正式的文字记载。历史并未明确记录茶的发展沿袭，直至唐陆羽集其大成，发表《茶经》三卷，后人才能了解茶在文化上的地位。至明洪武年，茶的制造因形态的改变，又再度影响其文化。从洪武年至今六百余年，中华民族喝茶，又是另一种不同形式的文化。

近二十年来，饮茶又面临改变的阶段：一是经营买卖形态的企业化；一是小袋茶及茶精的出现，或将饮茶再度革新。

工业社会的规格化及制度化，是促成前一项改变的因素，其所带来的紧张及对时间的争取促成了后一项的改变。稳定的品质、统一的规格，求得必然形象。尽管现代人喝茶，不必呼童唤妻、传薪烧水，只要电源一插，三分钟水开即可冲泡，但是仍感觉其不够快捷难以满足各种场合、各种角度的需要；在上班时间、在旅途时间、在不能享受自己私有环境的情形下，想喝一杯色香味俱佳的茶，必定会让人失望。最初弥补这种失望的产品，即是袋茶的出现。

袋茶的出现，让饮茶者不必担心茶叶的包装及携带，因为它是小包装，有一定的份量，多种的口味，可以让饮茶者随自己的喜爱，选择使用。它免除了壶的使用以及去渣的麻烦，自己计量时间，浓淡自由选择，把茶包丢弃后，剩下的，就是纯净的茶汤。从不执着的角度来看，它是饮茶境界的提升而不仅是对时间的争取，因为它不需要许多器物。

遗憾的是在一般观念中，对袋茶认识不够，以为袋茶是茶的副品所做，较流行的只有红茶。殊不知今日之袋茶，不但兼具各种名色，而且材料之选用，日益求精，乌龙袋茶，铁观音袋茶、包种袋茶，早已行销国外，只是较少被接受饮用而已。

茶精使茶更上一层楼

茶精是对茶的另一大挑战，其研究发展，已近20年，最大的困难在于原来香气的保存及重现。浓缩的食品，在色香味上，较不易保存原物风味，然而在科技日新月异的今天，其将来是可以预料的，茶叶改良场运用了千万巨资，已完成建厂工程。不论其香气的重现是完全或稍逊一筹，茶精的无渣与便利，必使茶之饮用，再上一层楼。

各具特色的茶艺馆

不管袋茶与茶精是否改变饮茶形态，对饮茶艺术应无影响，它们的存在，对社会大都是多角度的，是可以并行的，前面两者只是提供人们繁忙时补充的便利。休闲时，传统饮茶仍有其不可动摇的地位，现代茶艺馆的产生，即是这种矛盾的统一，它所提供的便利与满足，正是现代饮茶发展的一个新气象。

各地的茶艺馆，近年来如雨后春笋，纷纷出现，经营的形态各异，有的以发展传统、创新文化为己任；有的纯为提供休闲；有的以文化为背景；有的则是茶商行形态的改变，是试茶后再买的场所，它与过去茶馆及老式的老人茶馆最大的不同是质的提升与改变，不讲究茶品也必讲究环境，不讲究方式也必讲究气氛。总之，不管任何形态，对发扬我国饮茶来说，都是可喜现象。因为，外国人一向较注重咖啡而忽视茶，在饮茶的统计中，中国产茶，但国民平均饮茶却落后不产茶的英法美等国，甚至连日本人也不及。依有远见者的预测，目前茶艺澎湃发展，不仅可以改变这项统计，更有直追唐宋盛世的趋势。

传统文化再度发扬光大，是中国人的光荣。本书的发行，在推波助澜中，不过是一粒砂石而已。